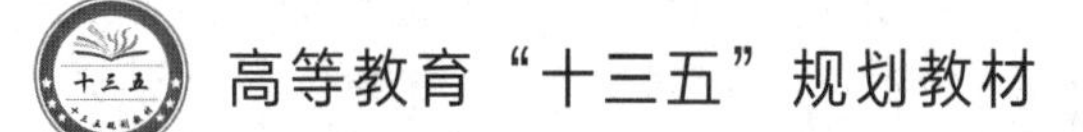

单片机原理及实践应用

龙顺宇　杨伟　钟鹏飞　编著

北京工业大学出版社

图书在版编目（CIP）数据

单片机原理及实践应用 / 龙顺宇，杨伟，钟鹏飞编著. — 北京：北京工业大学出版社，2019.6

ISBN 978-7-5639-6809-1

Ⅰ. ①单… Ⅱ. ①龙… ②杨… ③钟… Ⅲ. ①单片微型计算机 Ⅳ. ① TP368.1

中国版本图书馆 CIP 数据核字 (2019) 第 105789 号

单片机原理及实践应用

编　　著：龙顺宇　杨　伟　钟鹏飞
责任编辑：张　贤
封面设计：优盛文化
出版发行：北京工业大学出版社
（北京市朝阳区平乐园 100 号　邮编：100124）
010-67391722（传真）　bgdcbs@sina.com
经销单位：全国各地新华书店
承印单位：定州启航印刷有限公司
开　　本：710 毫米 ×1000 毫米　1/16
印　　张：13.25
字　　数：265 千字
版　　次：2019 年 6 月第 1 版
印　　次：2019 年 6 月第 1 次印刷
标准书号：ISBN 978-7-5639-6809-1
定　　价：46.00 元

前言

随着产品、设备、系统智能化发展，单片机在各个领域得到了广泛应用。人们掌握单片机原理及智能化技术不仅有实际应用意义，而且对理解和掌握计算机其他应用技术也有重要作用。人们可以利用单片机技术开发新品、改造现有老设备，提高其效率、降低能源消耗。由此可见，单片机开发应用前景十分广阔。

如今，单片机的种类和型号非常多，各行业选用的单片机也不尽相同，但对单片机研究大多是以MCS-51系列单片机为主。本书是在作者多年来从事单片机应用系统研究工作的基础上，同时参考国内外大量文献，精心写成的。全书共七章：第一章单片机概述；第二章计算机控制导论；第三章典型数字控制器示例；第四章单片机系统配置及片外扩展；第五章单片机在智能系统中的应用；第六章灭火智能车的原理及设计；第七章汽车智能钥匙系统。

本书在内容安排上由浅入深、重点突出，在介绍单片机原理的基础上，注重原理与应用有机结合，以帮助读者建立单片机系统及理解系统设计整体概念。为了便于读者对单片机理解和自学，本书在单片机原理及实践应用的基础上，列举了较多应用实例，通过本书，可使读者详细了解单片机特点及相关应用常识，并具备设计一个单片机应用系统的基本能力。

本书适用于自动化专业、机电一体化专业、电气工程专业及有关工程技术人员。由于作者水平有限，书中难免存在疏漏之处，敬请广大读者批评指正。

目 录

第一章　单片机概述

第一节　单片机发展

一、单片机技术的发展过程

自第一片单片机诞生，单片机技术为了满足科技水平一直在不断发展，形成了如今单片机产品种类多样化局面。在单片机发展历程中，单片机技术经历了几次突破式的发展，通过这些里程碑式的时间节点，可将单片机技术发展分为以下几个重要阶段。

1. 单片机形成阶段

1976 年，英特尔公司推出了 MCS-48 系列单片机。该单片机实现了不同机器设备集合，精简了机器结构，缩小了机器体积，推进了工业发展。但是该单片机也存在一定的缺点，如指令系统有一定局限性，储存器容量受技术问题影响容量相对较小。该系列单片机的早期产品在芯片内集成的资源包括 8 位中央处理器（CPU）、1KB 程序存储器（ROM）、64B 数据存储器（RAM）、27 条 I/O 线和 1 个 8 位定时器 / 计数器。

该阶段的主要特点是，在单个芯片内实现了 CPU、存储器、I/O 接口、定时器 / 计数器、中断系统、时钟等部件的集成，但存储器容量及寻址范围均较小，且无串行接口，其指令系统功能也不强。

2. 性能完善提高阶段

1980 年，英特尔公司推出 MCS-51 系列单片机。和 MCS-48 系列单片机相比，该类型的单片机突出优点是程序存储器的容量增加了，由原来的 1KB 提升到 4KB，存储容量扩大了 4 倍，数据存储量也扩大了 2 倍，变为 128KB。接口的数量也增加了，拥有 4 个 8 位并行接口、1 个全双工串行接口和 2 个 16 位定时器 / 计数器。该单片机克服了 MCS-48 系列单片机寻址范围小的缺点，寻址范围增加到

64KB。从整体来看，该系列单片机相对 MCS–48 系列单片机取得了全面技术突破，功能上得到了很大的提高。

该时期单片机的主要特点是，芯片构件体系相对完善，储存容量较高。

3. 微控制器化阶段

1982 年，MCS-96 系列单片机问世。因为每一代单片机突破都是在构件数量、存储容量、运转速度上进行突破，所以相对上一代 MCS–51 单片机，该单片机的 CPU 为 16 位，数据存储器的容量为 232KB，还包括 5 个 8 位并行接口、1 个全双工串行接口和 2 个 16 位定时器 / 计数器、1 个 8 路的 10 位 A/D 转换器、1 个 1 路的 PWMCD/A 转换器输出及高速 I/O 部件等。其寻址范围最大为 64KB。

该阶段的主要特点是，芯片内面向测控系统的外围电路增强，单片机具有很强的灵活性，可以应用到自动控制系统工程，解决了自动控制系统工程的复杂问题。此阶段的单片机被称为微型控制器。

4. 片上系统阶段

近年来，许多半导体厂商以 MCS-51 系列单片机的 8051 为内核，将许多应用系统中的标准外围电路（如 A/D 转换器、D/A 转换器、实时时钟等）或接口（SPI、I2C、CAN、Ethernet 等）集成到单片机中，即在单个芯片上集成一个完整的系统，从而生产出多种功能强大、使用灵活的新一代 80C51 系列单片机。例如，原飞利浦公司的 P87C591、芯科科技的 C8051F040 集成了 CAN 总线接口，北欧集成电路公司的 NRF9E5 集成了 RF 收发模块，达拉斯半导体公司的 DS80C400 单片机集成了 Ethernet 和 CAN 接口等。

目前，片上系统主要特点是，单片机设计转向个性化设计，单片机应用不仅仅局限在自动控制系统领域，人们通过在单片机上集成不同功能板块，使得单片机可以应用在各个领域之中。它不但提高了系统可靠性，而且减小了印制电路板（PCB 板）的尺寸，降低了系统设计成本。

二、单片机技术的发展趋势

半导体技术的突破与新技术的发展也给电子领域带来了冲击，单片机未来的应用领域发展势必是多样化的，单片机技术应用领域范围也会越来越大。除此之外，单片机市场势必也会变得多样化、差异化。单片机是向着以体积越来越小、容量越来越大、运转速度越来越高、系统功能越来越强的方向发展的。

1. 改进 CPU

①结构上的改进，突破传统 CPU 结构，提高单片机性能，提升单片机处理速度。

②提高线路宽度，以提高数据处理能力和速度。

③采用流水线结构，类似于高性能微处理器，具有很快的运算速度，尤其适用于实时数字信号处理。

④改进总线结构，传统的总线结构的单片机系统稳定性存在着一定的问题，为提高系统的稳定性，研究人员将总线结构改为了串行传送模式。串行总线结构可减少单片机的外部引脚、降低单片机成本，特别适用于电子仪器设备微型化。

2. 提高存储器性能

①单片机的内存存储容量与单片机的可靠性之间具有很强的相关性，单片机存储容量的技术突破会使单片机的可靠性提高。新型单片机片内 ROM 一般可达 4 ~ 64KB，最高可达兆字节级别。片内 RAM 容量可达 256B ~ 2MB。片内存储器存储容量增大的最大优势是，可简化外围扩展电路以达到提高产品稳定性及降低产品成本的目的。

②片内采用 E2PROM 和闪存，可在线读 / 写，单片机得到了突破，增加了记忆性功能，可以存储数据、参数。单片机的应用性得到了提高。

③采用编程加密技术，可更好地保护知识产权。其利用编程加密位或 ROM 加锁的方式，使开发者的软件不易被复制、破译。

3. 改进片内 I/O

单片机为了具备更多的差异性功能，结构上增加了并行接口，从而使单片机和外围设备的选择性得到了提高，使单片机功能更加多样化，拓展了应用领域范围，增加了单片机的功能性、实用性。部分单片机还进行以下改进。

①通过提高电流，输出电压，通过电能增加提高驱动力。

②增加 I/O 接口的逻辑控制功能（如 PWM、捕捉功能等），以加强 I/O 接口线控制的灵活性。

③增加通信口（如 SPI、12C、CAN、Ethernet 等），以提高单片机系统灵活性。这为单片机构成的网络系统提供了丰富的接口资源。

4. 外围电路集成化

半导体技术的发展为电路的集成化提供了可能。为了使单片机更加微小化，单片机的外围电路通常通过半导体技术集成到单片机芯片内。除了一般具备的

ROM、RAM、定时器、计数器、中断系统外，为满足更高的检测、控制功能要求，片内集成的部件还可有 A/D 转换器、D/A 转换器、DMA 控制器、频率合成器、字符发生器、声音发生器等。随着半导体技术的发展，单片机集成的范围更加广泛，外围电路可以集成到单片机芯片内，在这个集成的过程中，单片机结构不断优化，这也是单片机的发展趋势，即集成化发展。

5. 低功耗互补金属氧化物半导体化

互补金属氧化物半导体（CMOS）的工艺特点是，运转效率高，耗能小，低电流。这恰恰满足了单片机的工艺要求，单片机的发展方向就是使其体积减小，这项工艺技术特性为单片机发展提供了更多机会。但由于其物理特征决定其工作速度效率不够高，因此有的生产厂家采用了互补高密度金属氧化物半导体工艺（CHMOS）。单片机的运转是靠电池输送电能，单片机电路的电流与电压小，传统的导体材料满足不了单片机的功能要求，而半导体材料的导电特性，恰恰解决了这一工程难题，半导体技术在未来单片机的发展过程中势必会扮演着非常重要的角色。

半导体技术发展给单片机发展提供了更多的可能性，在如今的互联网时代，能够在芯片领域占据龙头位置的企业就是这个互联网时代的发言人，这推动了世界上的大部分相关公司积极研发有关技术，从而促进了单片机市场繁荣与单片机产品的差异性、多样性发展，这些产品互为补充，共同促进了单片机的发展。

第二节　单片机结构及原理

一、单片机的组成及结构

单片机是一种微型计算机，是将不同结构集成于一体的微型处理器，它是具备系统功能，能够进行储存、计算、记忆，具备完善指令系统的微型处理器。在机器结构上，其通过将一定容量的储存器、接通外围设备的外接接口、计数器、定时器集成在一块芯片上。其基本结构如下。

① CPU。其是单片机的灵魂部件，相当于人体的大脑发挥的功能。CPU 由其中的运算器对数据进行计算，并且通过中央处理器的控制器发送命令控制机器的功能。这一点与通用微处理器基本相同。

②数据存储器（内部 RAM）。数据储存器的功能就是对实时数据进行存放，或者作为数据缓冲器使用。

③程序存储器（内部 ROM）。程序存储器一般用于存放程序和固定的常数等，通常采用非易失性存储器。

④并行 I/O 口。该接口的作用是连接功能，通过用于将单片机和外围设备进行连接，从而达到单片机对外围设备的控制功能，是对中央处理的指令进行传输的渠道。

⑤串行 I/O 口。该接口的功能是对单片机中的数据进行传送，除此之外该接口也是数据的转换器，可以实现串行数据和并行数据之间的相互转换，然后将这些数据传送给中央处理器进行处理。

⑥定时器 / 计数器、A/D 转换器、D/A 转换器、DMA 通道和串行通信接口等模块。定时器 / 计数器用于产生定时脉冲，以实现单片机的定时控制；A/D 转换器和 D/A 转换器用于模拟量和数字量之间的相互转换，以完成实时数据的采集和控制；DMA 通道可以实现单片机和外设之间数据的快速传送；串行通信接口可以很容易实现单片机系统与其他系统的数据通信。单片机特殊功能板块的系统结构确定了单片机应用领域的范围。

二、单片机的工作原理

对大多数计算机用户来说，其并不需要掌握单片机内部结构中的具体线路，仅从应用角度出发理解单片机的工作原理即可。单片机是通过执行程序来工作的，执行不同的程序便能完成不同的任务。因此，单片机执行程序的过程实际上也体现了单片机的工作原理。

1. 指令与程序

单片机的指令是指二进制代码形式的命令，其将人类的语言转化为二进制代码形式的语言，传送到单片机的中央处理器，然后单片机发送指令到机器的各个设备，保证机器协调稳定工作，并完成特定工作。单片机全部指令的集合称为指令系统，指令系统的性能与单片机硬件密切相关，不同的单片机，其指令系统不完全相同。根据任务要求有序编排出的指令集合称为程序，程序的编制称为程序设计。为了运行和管理单片机所编制的各种程序的总和称为系统软件。目前，出现了各种各样的嵌入式操作系统，如 μC/OS 、μLinux 等。用户可以根据单片机内部的资源，将其移植到单片机上，并在此基础上开发自己的应用程序。

2. CPU

在执行程序中起关键作用的是CPU，故用户应了解CPU的工作原理。CPU的功能相当于人类大脑的功能，CPU是整个机器设备的核心部位，机器运行的行为命令都是从CPU发出的，进而来指挥单片机各部件进行工作，具体的工作过程是，将二进制的指令进行译码，通过单片机的计数器、定时器、运算器等各部件输出外部所需要的控制信号，完成各种指令。

运算器是用于对数据进行算术、逻辑运算以及位操作处理等的执行部件。它主要由算术/逻辑部件（ALU）、累加器（ACC）、暂存寄存器、程序状态字（PSW）寄存器等组成。CPU正是通过对这几部分的控制与管理，使单片机完成指定任务。寄存器组主要用于存放参加运算的操作数及操作结果，在不同的寻址方式下有的寄存器还可以存放操作数地址。

3. 单片机的命令工作

单片机的工作就是对指令进行传输，当指令工作传输完成后，单片机的工作就完成了。单片机的命令工作过程包括三个阶段：取指令阶段、分析指令阶段、执行指令阶段。

取指令阶段：人们传达命令给计算机，是通过计算机语言进行的，计算机将人们的命令转换成二进制命令，输送给程序储存器，然后将计算机指令送到寄存器。

分析指令阶段：计算机通过特定的指令转换系统，将二进制代码转换为具体的工作指令，然后有序稳定地完成各部件工作。

执行指令阶段：计算机取出操作数，然后按照操作码性质对操作数进行操作。

指令的执行过程可通过各部分的功能予以说明。

① 数据总线缓冲器：对数据传送的过程起到一个保护的作用，防止数据紊乱。

② 地址寄存器：专门用于存放存储器或输入/输出接口的地址信息。

③ 暂存器：在信息的传输过程中需要一定时间，各个部件协调工作过程中同样需要一定时间完成指令传输，该部件的功能就是在这段时间内暂存信息，以保证不同部件之间工作协调。

④ 微操作控制电路：与时序电路相配合，把指令译码器输出的信号转变为执行该指令所需的各种控制信号。

⑤ 累加器：用于存放参加运算的操作数及操作结果。

⑥ 状态寄存器：用于存放运算过程及运算结果中的某些特征和特点。

⑦ 程序计数器（PC）：其主要作用是指引程序的执行方向，且具有自动加 1 功能。

单片机进行工作时，首先要把程序和数据从外围设备（如光盘、磁盘等）输入计算机内部的存储器，然后逐条取出执行。而单片机中的程序通常事先都已固化在片内或片外程序存储器中，因而开机即可执行指令。

下面通过一条指令的执行情况，简要说明单片机的工作过程。假设执行的指令是“ADDA，#17H”，该指令的作用是，将累加器 A 中的内容与 17H 相加，其结果存入累加器 A 中，指令对应的机器语言（即机器码）是“24H，17H”。将指令存放在程序存储器的 0104H、0105H 单元，存放形式见表 1–1。表 1–1 中只写了两条指令。第一条指令“LJMP 0104H”表示使 CPU 无条件转到 0104H 这个地址单元开始执行。因为 MCS–51 系列单片机开机或复位后，程序计数器 PC 的值为 0000H，故任何程序的第二条指令都要从这个地址开始。

表 1–1　程序存储器中指令的存放形式

程序存储器地址	地址中内容（机器码）	指令
0000H	02H	LJMP 0104H
0001H	01H	—
0002H	04H	—
—	—	—
0104H	24H	ADD A，#17H
0105H	17H	—
0106H	—	—
—	—	—

复位后单片机在时序电路作用下自动进入执行程序过程。执行过程实际上就是单片机取指令、分析指令和执行指令的循环过程。

为便于说明，假设程序计数器 PC 已变为 0104H。在 0104H 单元中已存放 24H，0105H 单元中已存放 17H。当单片机执行到 0104H 时，首先进入取指令阶段。

其执行过程如下。

① 程序计数器的内容（这时是 0104H）送到地址寄存器。

② 程序计数器的内容自动加 1（变为 0105H）。

③ 地址寄存器中的内容（0104H）通过内部地址总线送到存储器，经存储器中地址译码电路译码，使地址为 0104H 的单元被选中。

④ CPU 使读控制线有效。

⑤ 在读命令控制下被选中存储器单元内容被送到内部数据总线上，通过数据总线将其送到指令寄存器寄存。至此，取指令阶段完成，进入译码分析和执行指令阶段。

由于本次进入指令寄存器中的内容是 24H（操作码），经译码器译码后单片机知道该指令是要把累加器 A 中的内容与某数相加，而该数是在这个代码的下一个存储单元。执行该指令还必须把数据 07H 从存储器中取出送到 CPU，即到存储器中取第二个字节，因此其过程与取指令阶段很相似，只是此时 PC 已为 0105H，指令译码器结合时序部件，产生 24H 操作码的操作系列，将数据 17H 从 0105H 单元取出。

因为指令要求把取得的数与累加器 A 中内容相加，所以取出的数据经内部数据总线进入暂存器 1，累加器 A 的内容进入暂存器 2，在控制信号作用下暂存器 1 和 2 的数据进入 ALU 相加后，再通过内部总线送回累加器 A。至此，一条指令执行完毕。PC 在 CPU 每次向存储器取指令或取数时都自动加 1，此时 PC 的值为 0106H，单片机又进入下一个取指令阶段。这一过程会一直重复下去，直到遇到暂停指令或循环等待指令才暂停。CPU 就是这样一条一条地执行指令，完成程序所规定的功能，这就是单片机的基本工作原理。

第三节　单片机典型产品简介

一、MCS-51 系列单片机的结构及特点

按功能划分的 MCS-51 系列单片机内部功能模块及其基本功能如下。

① 1 个 8 位 CPU。它由运算器和控制部件构成，在时钟电路作用下，完成单片机的运算和控制功能，作为单片机的核心部件，决定单片机的主要处理能力。

② 4KB 的片内程序存储器。其用于存放目标程序及一些原始数据和表格。

MCS-51 系列单片机的地址总线为 16 位，确定其程序存储器可寻址范围为 64KB 的片内数据存储器 RAM。习惯上把片内数据存储器称为片内 RAM，它是单片机中使用最频繁的数据存储器。由于其容量有限，合理分配和使用片内 RAM 有利于提高编程效率。

④ 18 个特殊功能寄存器 SFR。其用于控制和管理片内 ALU、并行 I/O 接口、串行通信口、定时器 / 计数器、中断系统、电源等功能模块的工作方式和运行状态。

⑤ 4 个 8 位并行 I/O 接口。四个接口分别是 P0 口、P1 口、P2 口、P3 口（共 32 条线），用于输入 / 输出数据和形成系统总线。

⑥ 1 个串行通信接口。该接口可实现单片机系统与计算机或与其他通信系统间的数据通信。串行口可设置为 4 种工作方式，可用于多机系统通信、I/O 端口扩展或全双工、异步通信（UART）。

⑦ 2 个 16 位定时器 / 计数器。它可以设置为计数方式对外部事件进行计数，也可以设置为定时方式。计数或定时范围通过编程来设定，具有中断功能，一旦计数或定时时间到，其可向 CPU 发出中断请求，以便及时处理突发事件，提高系统的实时处理能力。

⑧具有 5 个（52 子系列为 6 个或 7 个）中断源。可以处理外部中断、定时器 / 计数器中断和串口中断。常用于实时控制、故障自动处理、单片机系统与计算机或与外设间的数据通信及人机对话等。

二、其他单片机的结构及特点

目前全世界生产和研制单片机的厂家很多，其生产的单片机与 MCS-51 系列相比，无论是在外部特性还是片内结构上都有不同程度改进，且具有各自特点。即使是生产 MCS-51 系列单片机的厂家除了有原 51 系列的产品外，一般也都开发了其他系列产品。现在多数厂家的产品有 OTP 型、Flash 型、EPROM 型和 ROM 型 4 种类型器件，并且各系列单片机都可提供多种不同的芯片封装形式。下面以几个具有一定代表性的单片机系列为例，简要介绍其主要特点。

1. 爱特梅尔公司的 AVR 系列

1997 年，爱特梅尔（ATMEL）公司推出全新配置的精简指令集（RISC）单片机，简称 AVR 单片机。AVR 仍属于 8 位单片机。十几年来，AVR 单片机已形成系列产品，如 ATtiny、AT90 与 Atmega 等系列产品。

AVR 系列单片机的主要优点如下。

① 程序存储器采用 Flash 技术，16 位指令，一个时钟周期可以执行更复杂的指令。

② 功耗低，具有休眠（Sleep）功能。

③ 具有大电流（灌电流）10 ~ 20mA 或 40mA 输出，可设置内部上拉电阻，有看门狗定时器（WTD），提高了产品的抗干扰能力。

④ 具有 32 个通用工作寄存器，相当于有 32 个累加器，避免了传统的一个累加器和存储器之间数据传送造成的瓶颈现象。

⑤ 具有在线下载功能。

⑥ 单片机内有模拟比较器，I/O 可作 A/D 转换用，可组成廉价的转换器。

⑦ 部分 AVR 器件具有内部 RC 振荡器，可提供 1MHz 的工作频率。

⑧ 计数器 / 定时器增加了 PWM 输出，也可作为 D/A 转换器用于控制输出。

2. NXP 单片机

飞利浦公司是较早生产 MCS-51 系列单片机的厂商，其先后推出了基于 8051 内核的普通型 8 位单片机、增强型单片机、LPC700 系列、LPC900 系列等多种类型单片机。

飞利浦 80C51 系列单片机均有 3 个定时器 / 计数器。

① 除了基本的中断功能之外特别增加了一个“四级中断优先级”。

② 可以通过关闭不用的 ALE，大大改善单片机的 EMI 电磁兼容性能，不仅可以在上电初始化时“静态关闭 ALE”，还可以在运行中“动态关闭 ALE”。

③其很多品种有 6/12 Clock 时钟频率切换功能，不仅可以在上电初始化时“静态切换 6/12 Clock”，还可以在运行中“动态切换 6/12 Clock”。特别是 LPC900 系列 Flash 单片机，指令执行时间只需 2 ~ 4 个时钟周期，即在同一时钟频率下，其速度为标准 80C51 器件的 6 倍。因此，飞利浦的单片机可以在较低的时钟频率下达到同样的性能。

④ UART 串行口增加了“从地址自动识别”和“帧错误检测”功能，特别适用于单片机的多机通信。

⑤ 可提供 1.8 ~ 3.3V 供电电源，适用于便携式产品。

3. PIC 系列单片机

PIC 系列单片机是美国微芯科技股份有限公司推出的高性能 8 位系列单片机，体现了现代单片微控制器发展的一种新趋势。

PIC 系列中单片机分为基本级、中级和高级 3 个系列产品。用户可根据需要选择不同档次和不同功能的芯片，通常无须外扩程序存储器、数据存储器和 A/D 转换器等外部芯片。

中级产品在保持低价的前提下，增加了温度传感器（仅 PIC14000 有）、A/D 转换器、内部 E2PROM 存储器、Flash 程序存储器、比较输出、捕捉输入、PWM 输出、I2C 和 SPI 接口、异步串行通信（USART）、模拟电压比较器和 LCD 驱动等许多器件。

高级产品中的 PIC17C×× 和 PIC18C（F）××× 系列具有在一个指令周期内可（最短 160ns）完成 8 位 ×8 位二进制乘法的能力。

PIC 系列单片机由于具有以下特点，所以问世不久即得到快速普及。

① 品种多，容易开发。PIC 采用精简指令集，指令少（仅 30 多条指令），且全部为单字长指令，易学易用。PIC 系列单片机中的数据总线是 8 位的，而其指令总线则有 12 位（基本级产品）、14 位（中级产品）和 16 位（高级产品）。低、中、高产品的指令相互兼容。

② 执行速度快。PIC 的哈佛总线和 RISC 结构建立了一种新的工业标准，指令的执行速度比一般的单片机要快 4 ~ 5 倍。

③ 功耗低。PIC 的 CMOS 设计结合了诸多的节电特性，使其功耗较低。PIC 100% 的静态设计可进入睡眠省电状态，而不影响任何内部变量。

④ 实用性强。PIC 配备有多种形式的芯片，特别是其 OTP 型芯片的价格很低。PIC 中的 PIC12C5×× 是世界上第一个 8 脚封装的低阶 8 位单片机。

⑤ 增加了掉电复位锁定、上电复位（POR）及看门狗（WTD）等电路，大大减少了外围器件数量。

4. TI 公司的 MSP430 系列

MSP430 系列单片机是美国德州仪器公司（TI）生产的，它的最主要特点是超低功耗，可长时间用电池工作。MSP430 系列单片机具有 16 位 CPU，属于 16 位单片机。由于超低功耗的显著特点，MSP430 系列单片机得到了广泛应用。

MSP430 系列的主要特点如下。

① 低电压、超低功耗。MSP430 系列单片机一般在 1.8 ~ 3.6V、1MHz 的时钟条件下运行，耗电电流（0.1 ~ 400μA）因不同的工作模式而不同，具有 16 个中断源，可以任意嵌套，用中断请求将 CPU 唤醒只要 6μs。

② 处理能力强。CPU 中的 16 个寄存器和常数发生器使 MSP430 系列单片机能达到最高的代码效率，具有多种寻址方式（7 种源操作数寻址、4 种目的操作数寻址），寄存器及片内数据存储器均能参与多种运算。

③ 片内外设较多。MSP430 系列单片机集成了较丰富的片内外设，分别是以下外围模块的不同组合：看门狗、定时器 A、定时器 B、串口 0 ~ 1、液晶驱动器 10/12/14 位 ADC、端口 0 ~ 6（P0 ~ P6）、基本定时器等。以上外围模块的不同组合再加上多种存储方式构成了不同型号的器件。此外，其并行 I/O 口具有中断能力；A/D 转换器的转换速率最高可达 200KB，能满足大多数数据采集应用。

5. 摩托罗拉公司的单片机

摩托罗拉公司是世界上最大的单片机厂商，在 8 位单片机方面其主要有 68HC08、68HC05 等 30 多个系列的 200 多个品种，其特点是品种全、选择范围大，在同样的指令速度下所用的时钟频率较低，抗干扰能力强，可用于恶劣的工作环境。

第四节　单片机应用系统的组成

单片机应用系统包括单片机硬件系统和单片机软件系统。

1. 单片机硬件系统

单片机硬件系统根据其实现的功能及配置要求，可分为最小系统、最小功耗系统及典型系统等。

①单片机最小系统：仅需要单片机芯片本身资源且配备电源电路、时钟电路及复位电路等单元即可构成单片机最小系统。单片机最小系统可以嵌入一些简单的控制对象（如开关状态的输入 / 输出控制等），具有系统成本低、结构简单、使用方便等特点。随着单片机芯片技术不断提高和单片机芯片功能不断增强，单片机最小系统应用领域也在不断扩大。

②单片机最小功耗系统：其作用是使系统内所有器件及外设都有最小功耗。单片机最小功耗系统常用在一些袖珍式智能仪表及便携式仪表中。

③单片机典型系统：当单片机内部功能单元不能满足控制对象要求时，可通过系统扩展，按控制对象的环境要求配置相应的单片机外部接口电路（如数据采集系统的传感器接口、控制系统的伺服驱动接口单元及人机对话接口等），以构成满

足控制对象全部要求的单片机硬件环境。

2.单片机软件系统

单片机软件系统包括系统软件和应用软件。系统软件是处于底层硬件和高层应用软件之间的桥梁；应用软件是用户为实现其功能要求编写的软件（程序和数据）。由于单片机的资源有限，应综合考虑设计成本及单片机运行速度等因素，故设计者必须在系统软件应用软件实现的功能与硬件配置之间寻求平衡。

单片机系统软件构成有以下两种模式。

①监控程序：用非常紧凑的代码编写的系统底层软件。这些软件实现的功能往往是实现对系统硬件管理及驱动，并内嵌一个用于系统开机初始化等功能的引导（BOOT）模块。

②操作系统：如今已有许多种适用于 8 ~ 32 位单片机的操作系统进入了实用阶段，如在 51 系列单片机上可以运行的 RTX51 操作系统。在操作系统的支持下，嵌入式系统会具有更好的技术性能，如程序多进程结构、与硬件无关的设计特性、系统高可靠性及软件开发高效率等。

单片机可以方便地应用在工作、生活中的各个领域，小到一个闪光灯、定时器，大到工业控制系统。

单片机典型应用系统也是单片机控制系统的一般模式，它是单片机要完成工业测控功能必须具备的硬件结构形式。

一个典型的单片机闭环控制系统工作过程如下。

①被控对象的物理量通过变送器转换成标准的模拟电量，如把 0 ~ 500℃温度转换成 4 ~ 20mA 标准直流电流输出。

②该输出经滤波器滤除输入通道的干扰信号，然后送入多路采样器。多路采样器（可以在单片机控制下）分时对多个模拟量进行采样、保持。

③在单片机应用程序的控制下，A/D 转换器将某时刻的模拟量转换成相应的数字量，然后将该数字量输入单片机。

④单片机根据程序所实现的功能要求，对输入的数据进行运算处理后，经输出通道输出相应的数字量。

⑤该数字量经 D/A 转换器转换为相应的模拟量。该模拟量经输出扫描装置扫描，再经保持器控制相应的执行机构，对被控对象的相关参数进行调节，从而控制被调参数的物理量，使之按照单片机程序的给定规律变化。

二、嵌入式系统

从实际使用角度来说，计算机应用可分为两类：一类是应用广泛的独立计算机系统（如个人计算机、工作站等）；另一类是嵌入式计算机系统。

所谓嵌入式系统，是“以应用为中心，以计算机技术为基础，软件硬件可裁减，对功能、可靠性、成本、体积及功耗都有严格要求的专用计算机系统”，是以嵌入式应用为目的的计算机系统。一个手持的 MP3 或一个微型计算机工业控制系统都可以被认为是嵌入式系统，它与通用计算机技术的最大差异是其必须支持硬件裁减和软件裁减，以适应应用系统对体积、功能、功耗、可靠性及成本等的特殊要求。

单片机应用系统是典型的嵌入式系统。

嵌入式系统的重要特征有以下六个方面。

（1）系统内核小

嵌入式系统一般应用于小型电子装置，系统功能针对性强，系统资源相对有限，所需内核较传统的计算机系统要小得多。

（2）专用性强

嵌入式系统的个性化很强，尤其是软件系统和硬件结合非常紧密，即使在同一系列的产品中也需要根据系统硬件变化进行软件设计、修改。同时针对不同的功能要求，需要对系统进行相应更改。

（3）系统精简

嵌入式系统一般没有系统软件和应用软件的明显区分，其在功能设计及实现上不要求过于复杂，这样一方面利于控制系统成本，同时也利于实现系统安全。

（4）高实时性

高实时性是嵌入式软件的基本要求，而且软件要求固态存储，以提高速度。软件代码通常要求高质量、高可靠性及实时性。

（5）嵌入式软件开发走向标准化

嵌入式系统的应用程序可以在没有操作系统的情况下直接在芯片上运行。但为了实现合理调度多道程序、充分利用系统资源及对外通信接口，用户必须自行选配实时操作系统（RTOS）开发平台，这样才能保证程序执行的实时性、可靠性，并减少开发时间，保障软件质量。

（6）嵌入式系统开发需要开发工具和环境

嵌入式系统其本身不具备自主开发能力，在设计完成以后，用户必须通过开发工具和环境，才能进行软、硬件调试和系统开发。单片机以面向控制、较小的体积、现场运行环境可靠性等特点满足了许多嵌入式应用要求。在嵌入式系统中，单片机是最重要也是应用最多的智能核心器件。将单片机系统嵌入到对象体系中后，单片机就成为对象体系的专用指挥中心。

第五节　单片机系统开发

单片机应用系统的设计开发包括硬件系统设计开发和软件系统应用开发。完成单片机的设计开发就必须保证硬件系统开发和软件系统开发协调进行，既要保证硬件系统开发准确无误，又要保证软件系统的准确性。

单片机虽然集成了微型计算机的通用功能，但是和通用微型计算机相比，其并不具备通用微型计算机的创新功能及自身的开发功能。单片机是一种集成了部分计算机部件的集成电路，单片机要想完成开发功能，就必须借助开发装置，其本身并不能完成独立开发工作。单片机开发一般包含以下过程。

①根据应用系统设计目标（功能和性能指标），确定待开发的应用系统所要完成的任务；从应用系统总体设计方案出发，确定应用系统的结构、电路板划分原则等。

②以上述工作为基础，写出设计任务书，画出总体原理框图，作为系统设计的依据。系统设计时，应注意合理分配系统硬件和软件功能。一般在实时性要求不高时，常要求软件实现更多的功能，使硬件尽可能简单，如以软件实现显示控制、键盘管理，还有用软件完成 PWM 输出等。近年来，随着集成电路技术发展，又出现了所谓“软件硬件化”趋势，有各种专用的集成电路器件投放市场。对这一新动向，设计人员在系统设计时应予以重视。

③进行软、硬件的研制。以单片机为核心进行应用系统的设计工作，包括以下几方面。

a. 根据应用系统所完成的任务确定需扩展的电路，如 I/O 接口 、存储器、A/D 及 D/A 转换器等；

b. 按照选定的单片机和扩展的电路芯片的引脚功能和时序，确定单片机同各种待扩展电路芯片间的连接关系，并画出连线图。

应用软件设计相对来说要困难些，一般是在数据处理或控制所依据的算法已确定的前提下进行的，采用汇编语言或 C 语言编写程序。设计的主要工作在于根据软件所承担的任务确定程序的结构方式，划分任务模块。为了便于设计和调试，还要进一步将任务模块划分为程序模块（子程序和各种功能程序段）。

在上述基础上，设计人员便可分别设计应用系统的硬件并编写程序。

④系统调试。调试工作必须在开发装置的支持下进行。在排除了电路上的短路和断路故障后，工作人员可编制一些测试程序来检查硬件正确性，待硬件调试正确后，便可借助开发装置调试应用软件。调试时可选用配接有在线仿真器的开发装置作为调试工具。利用仿真器的程序跟踪调试和内部资源的监控功能缩短系统开发周期。完成软件调试后，可通过单片机专用读写器或在线下载工具将编译后的机器代码下载到单片机。

第二章　计算机控制导论

第一节　计算机控制系统的硬件和软件

常见的工业控制系统根据信号传送的通路结构可以分成两大类：开环控制系统和闭环控制系统。

在闭环控制系统中，由检测元件对被控对象的现场参数（如温度、湿度等）进行测量，然后将检测值与系统的给定值进行比较，得到一个偏差。将这个偏差输入控制器，并按照某种控制算法进行控制运算得到一个输出控制量，最后由执行器将控制操作量作用于被控对象，以消除偏差，使被控量与期望值趋于一致。

闭环控制系统中由计算机作为控制器，就组成了一个典型的计算机控制系统。计算机主要用于完成现场参数输入、比较运算和控制量计算及输出。一个完整的计算机控制系统主要由微型计算机、接口电路、外部通用设备和工业生产对象组成。被控对象的现场参数经传感器、变送器转换成统一的标准信号，再经多路开关分时送到 A/D 转换器转换成数字量送入计算机，这就是模拟量输入通道。计算机对输入的数据进行处理和计算，然后经模拟量输出通道输出，输出的数字量通过 D/A 转换器转换成模拟量，并经过相应的执行机构实现对被控对象的控制。下面就简要介绍计算机控制系统的硬件结构和软件功能。

一、计算机控制系统的硬件

计算机控制系统的硬件部分主要由微型计算机、I/O 接口与 I/O 通道及通用外部设备组成。

1. 微型计算机

微型计算机由微处理器、内部存储器及时钟电路组成，是整个控制系统的核心。它可以对系统的现场参数进行巡回检测，执行数据处理、控制量计算及报警处理等，并且把计算出的控制量通过接口作用于被控对象，从而实现对现场参数地控制。

根据控制对象和控制要求不同，可以采用不同的计算机。对于大型和集中型的过程控制，如企业生产过程自动化、机床自动化应用领域，多采用16位机或32位机；对于一般的工业过程控制、机电一体化产品、家用电器等，根据其自身特点一般采用4位机或8位机。

2. I/O 接口与 I/O 通道

I/O 接口和 I/O 通道是计算机与被控对象进行信息交换的桥梁。计算机数据输入和控制输出都是通过 I/O 接口与 I/O 通道来完成的。通常，过程通道由以下几部分组成。

（1）模拟量输入通道

模拟量输入通道可以用来将控制对象的现场模拟量参数转化为计算机能够识别的数字信号，并且将这些数字信号读取到计算机。其首先由检测元件将现场信号的瞬时值转换成电信号，然后再由变送器将电信号转变成统一的标准信号（4 ~ 20mA 或 0 ~ 5V），这些标准的电流或电压信号经过多路模拟开关和 A/D 转换器之后就转换为数字信号，最后再送入计算机。

（2）模拟量输出通道

由计算机的控制算法计算出控制输出后，必须将数字控制信号转换成执行机构所需要的模拟量，这个工作就是由模拟量输出通道来完成的。对于计算机而言，控制输出是离散信号，而执行机构要求的是连续模拟信号，因此控制量输出首先经 D/A 转换器转换为模拟量，然后利用采样保持器加以保持后才可以控制执行机构动作。执行机构有的采用电动、气动、液压传动控制，也有的采用电机及可控硅元件等进行控制，其主要作用是控制各参数的流入量。

（3）开关量输入通道

开关量输入通道一般用来将工业现场的各种电气设备的运行状态（启动或停止），继电器及限位开关的通、断状态作为现场参数输入计算机。

（4）开关量输出通道

开关量输出通道是利用离散的二进制信息实现控制功能的，主要用于控制生产现场继电器的闭合和断开，电机的启动、停止等动作。

由上可知，过程通道由各种硬件设备组成，它们主要完成信息的转换和传送功能，配合相应的输入与输出控制程序，使主机和被控对象能进行信息交换，从而实现计算机对生产机械与生产过程地控制。

3. 通用外部设备

外部设备主要用来存储系统工作的历史数据和进行人机交互。常见的外部设备有打印机、CRT 和 LCD 显示终端、键盘、指纹识别机、磁带机、磁盘驱动器、光盘驱动器、扫描仪等。这些外部设备可以对生产过程的数据进行存储，以实现对数据的历史追溯，同时还可以显示控制系统的工作状态和数据，便于操作人员及时了解生产、加工过程状态，以进行必要的人为干预，输入各种数据，发出各种操作命令。

二、计算机控制系统的软件

软件是指完成各种功能的计算机程序总和，它是微机系统的神经中枢，整个系统的动作都是在软件指挥下进行协调工作的。对于计算机控制系统来说，软件主要有两大类，即系统软件和应用软件。

系统软件一般由厂家提供，专门用来使用和管理计算机。系统软件主要包括操作系统、编译程序、监控程序及故障诊断程序等。其中，操作系统是计算机控制系统信息的指挥者和协调者，具有数据处理、硬件管理等功能；监控程序则是最初级的操作系统，小规模微机应用系统，其监控程序规模也不大。可由工程人员自行编制的应用软件一般指由用户根据需要自己编制的控制程序、控制算法程序及一些服务程序，如 A/D 和 D/A 转换程序、数据采集程序、数字滤波程序、标度变换程序、键盘处理程序、显示程序、过程控制程序等。

第二节　计算机控制系统的分类

计算机控制系统与其所控制的生产对象密切相关，根据计算机参与控制的方式、特点，计算机控制系统可分为以下几种类型。

一、操作指导系统

操作指导系统也称为数据采集系统。在此类系统中，计算机输出不直接控制生产对象，仅用来对生产对象的现场参数进行检测输入，并对数据进行加工处理，显示现场工况，其可经过控制算法计算输出一个参考的控制量。现场的操作人员根据计算机的输出信息改变调节器的值，或根据显示值来执行相应的操作。

该系统属于开环控制结构，其优点是，结构简单，控制灵活，而且可靠性较高，尤其适用于被控对象数学模型不明确或者调试新的控制程序等场合。它的缺点是，仍需要人工参与操作，控制速度受到限制，工作效率不高，而且不能同时对几个控制回路进行操作。

二、直接数字控制系统

直接数字控制系统就是利用一台计算机对一个或多个控制对象的现场参数进行检测，并将检测输入和预先给定的设定值进行比较，按照程序设定的控制算法进行运算，然后输出控制命令到执行机构对生产过程进行控制，使被控参数按照工艺要求规律变化。

因为计算机的工作速度快，所以用一台计算机可以代替多台模拟调节器，这大大降低了控制的成本。此外，借助计算机强大的计算能力也可以实现各种比较复杂的控制算法，如串级控制、前馈控制、模糊控制、自适应控制和最优控制等。直接数字控制系统已成为计算机应用于工业生产过程控制的一种典型控制系统。

三、计算机监督控制系统

在直接数字控制系统中，因为给定值是预先设定的，当生产过程工艺发生变化时，这个预设值不能及时修正，因此DDC系统很难使系统工作在最优工作状态。计算机监督控制系统是由上位SCC计算机收集控制对象参数和实时操作命令，然后根据生产过程的数学模型计算出最佳的给定值，并将它传送给DDC计算机或模拟调节器，最后由DDC计算机或模拟调节器控制生产过程，从而使生产过程处于最优工况。经比较，SCC系统比DDC系统更接近生产变化的实际情况，它既可以进行给定值控制，还可以进行顺序控制、最优控制及自适应控制，是操作指导和DDC系统的综合与发展。根据面向工业对象的下位机不同，可以将SCC系统分为SCC+模拟调节器控制系统和SCC+DDC控制系统。

1. SCC+模拟调节器控制系统

在本系统中，上位SCC计算机中预先建立了生产过程的数学模型，其根据生产过程的被测参数和管理命令进行计算后，输出给定值到模拟调节器，直接对生产过程施加连续的调节作用，使被控参数完全按照工艺要求的规律变化，确保生产工况处于最优状态。在实际应用过程中，单台SCC计算机可以同时对多个模拟调节器进行控制，形成一个两级控制系统。这种系统结构特别适合老企业的技术改造，既保留了原有的模拟调节器，又实现了最佳给定值控制。

2. SCC+DDC 控制系统

在本系统中，SCC 级的作用与 SCC+ 模拟调节器控制系统的作用相同，也是用来计算最佳给定值。直接数字控制器根据给定值和测量值比较的结果，经过控制计算后，输出控制信息到执行器进行控制。与 SCC+ 模拟调节器控制系统相比，其控制规律可以改变，使用起来更加灵活，而且一台 DDC 计算机可以控制多个回路，系统结构比较简单。

总之，SCC 系统可以实现高性能控制算法，更接近生产实际情况。当某台 DDC 计算机出现故障时，SCC 级可以直接代替该 DDC 计算机进行实时控制操作，从而大大提高了整个系统的可靠性。但是，由于生产过程的复杂性，其数学模型的建立是比较复杂的，所以此系统实现起来也比较困难。

四、分布式控制系统

分布式控制系统也被称为集散控制系统。对于传统的计算机控制系统，由于考虑到控制成本的原因，其往往采用单台计算机集中控制，实现复杂的控制结构及控制算法，既完成生产中各个环节的控制功能，又完成生产的管理任务。这种集中控制的结构导致系统危险性高度集中，控制的可靠性下降，一旦这台计算机出现故障，将会使整个控制系统失效。随着计算机成本的不断降低，可采用多台微型计算机代替价格昂贵的中小型计算机，由多台微型计算机分别承担部分控制任务，组成分布式控制系统。这种控制结构具有可靠性高、功能强大及设计灵活的特点。分布式控制系统常采用以下三级控制结构。

生产管理级（MIS）是整个系统的控制和管理中枢，它根据生产任务和市场情况，编写企业长期发展规划、生产计划、销售计划，安排本企业人员、工资及生产资源地调配，根据企业运行状况编制能全面反映整个系统工作情况的报表，实现全企业调度。它一般由高档微型计算机、工作站或中小型计算机组成。

控制管理级（SCC）的任务是对生产过程进行监视与控制，根据生产管理级的技术要求，确定现场控制级的最优给定量，实现最优化控制。同时，它还可以对整个系统运行情况进行监督，提供充分的系统信息，使操作人员可以根据现场情况进行控制干预。控制管理级主要由微型计算机或工控机组成。

现场控制级（DDC）可以对生产过程进行直接控制，它一般由多个 DDC 系统组成。各个 DDC 系统在结构上相互独立，这样局部故障就不会影响整个系统工作，使得控制风险分散。它首先对现场的各种生产数据进行采集，反馈给上层控制管理级作为参考数据，然后针对现场数据，采用诸如PID控制、模糊控制、最优控制等控制算法使生产过程在最优生产状况下工作。它一般由单片机或可编程控制器PLC组成。

五、现场总线控制系统

现场总线控制系统（FCS）是分布式控制系统的更新换代产品，是工业生产过程自动化领域的新兴技术。现场总线从本质上来说，是一种数字通信协议，是连接智能现场设备和自动化系统的数字式、全分散、双向传输、多分支结构的通信网络。现场总线控制系统则是基于现场总线技术，将控制功能完全下放到底层网络控制节点，实现对现场仪表和控制站的控制操作，各控制节点互联可形成网络控制系统，以实现现场设备之间、现场设备与外界信息之间的信息交换，并能够进行统一操作、管理的控制系统。

在现场总线控制系统中，现场智能设备层是最低的一层，主要用于完成对现场数据信号的采集、模数转换、数字滤波、温度压力补偿、PID控制计算以及控制输出等功能。中间的现场总线监控层从现场设备中获取生产数据，完成对运行参数的检测、报警和趋势分析，实现各种复杂控制；本层还提供现场总线组态，供操作员实现工艺操作与监视，这部分功能一般由上位计算机完成。远程监控层负责实现远程用户对生产过程的实时监控，在具备一定的操作权限之后，还可以对生产过程进行远程在线控制，发出各种控制命令，以实现对生产过程遥控。

现场总线控制系统（FCS）是在分布式控制系统（DCS）之后发展起来的更高一级的控制系统，具有广阔的应用前景。用它取代DSC系统已成为工业控制发展的必然趋势。但是，目前要在复杂度很高的过程控制系统中应用FCS还存在一定的难度。随着现场总线技术进一步发展和完善，这些问题将会逐渐得到解决。

第三章　典型数字控制器示例

第一节　PID 数字控制器

在现代计算机中，受控对象多为模拟结构，在运行中具有较强连续性，现代计算机逐渐成了一种数字化的设备。因此，从设备运行上看，计算机既有连续性特性，又在具体结构中有离散化性质。设计计算机系统的控制系统，就是在特定的对象下，通过软件编程形式来设计出针对对象的数值控制程序，来满足系统控制需求和性能要求。

在进行数字化控制器的设计中，可以采用两种从不同出发点设计的两种思路。第一种，在受控对象确定时，特定的前提下，可以将对象看作连续系统，同时根据连续系统的结构和控制要求来进行设计，以此方式得到系统的虚拟化控制结构，然后根据这种模拟化的控制器特征和基本属性，将其离散变化，最终得到编程离散化的控制结构。第二种，其将计算机的受控对象看作离散化结构的集合，并且在设计时将其看作经过离散化的连续系统，以这种离散化的结构表示连续化特征，因此系统就可以看作是离散化结构集合而成。

PID 是 Proportional、Integral 和 Differential 三个英文词的首字母组合，其分别代表比例、积分和微分。这是工业中过程控制的普遍控制规律，且其算法很简单、结构灵活可变、技术逐渐趋于成熟，此外这种控制器对被控对象的数学模型没有特殊要求。为了满足生产过程中的各种要求，在计算机控制技术中就广泛地采用了 PID 控制技术，以满足计算机中多样化的软件要求。

一、PID 控制器的数字化实现

依据信号输入偏差，PID 按照参数变量间的比例、积分和微分关系运算，并将其计算结果作为输出控制。在实际的编程运算中，编程人员应当根据实际控制结构和调节特点，对 PID 的结构和组织形式进行调节，PID 系统控制框图，如图 3-1 所示。一般情况下其还可以取部分进行控制，如 P、PI、PD 等。

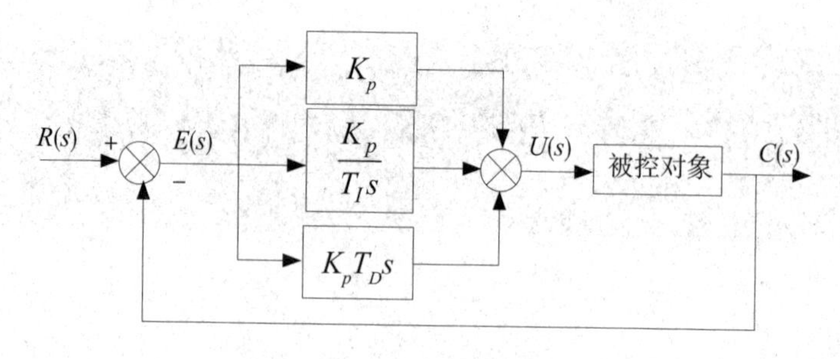

图 3–1　PID 控制系统框图

根据图 3–1，模拟 PID 控制器的传递函数为

$$D(s)=\frac{U(s)}{E(s)}=K_p\left(1+\frac{1}{T_I s}+T_D s\right) \tag{3–1}$$

由式（3–1）得

$$U(s)=K_P\left[E(s)+\frac{E(s)}{T_I s}+T_D sE(s)\right] \tag{3–2}$$

因此，在连续控制系统中，PID 控制算法的模拟表达式为

$$u(t)=K_p\left[e(t)+\frac{1}{T_I}\int_0^t e(\tau)\mathrm{d}\tau+T_D\frac{\mathrm{d}e(t)}{\mathrm{d}t}\right]+u_0 \tag{3–3}$$

控制器的输出信号为$u(t)$，偏差信号是给定值与测量值之差即为$e(t)$；控制器的比例系数为K_P。积分时间为T_I；微分时间为T_D；当时间为 0 时的输出就是控制常量即为u_0，绝大多数系统的u_0通常为 0。

在以上两式的离散化的数值控制器中，输入和输出函数都是以模拟化的形式来进行计算的。在计算机中，通常并不对所有的数值进行单独控制，而是通过采样的方式进行，从整体中有规律提取部分数值进行取样，对样本进行控制设计和计算，并且在控制中，采用不同时刻动态偏差估计来计算控制量精确值。在计算中，采用计算机易于识别的方式，对其进行高速计算和迭代，并且对连续的式（3–3）进行离散化，采用数值差分形式进行高速运算，同时避免了微分方程巨大计算量和无解情况的出现。

1. 位置型数字 PID 控制算式

采样周期为T，采样序号为k且$k=0,1,2,\cdots$，$I,\cdots$，k等整数。连续时间t由一系列采样时刻kT代替，同时用增量代替微分后用后向差分形式表示出来，对积分项也以增量代替，并以矩形积分的形式表示，即

$$u(t)=U(kT)$$
$$e(t)=E(kT)$$
$$\int_0^t e(\tau)\mathrm{d}\tau \approx \sum_{j=0}^{k} E(jT)\Delta t = T\sum_{j=0}^{k} E(jT)$$
$$\frac{\mathrm{d}e(t)}{\mathrm{d}t} \approx \frac{E(kT)-E((k-1)T)}{\Delta t} = \frac{E(kT)-E((k-1)T)}{T}$$

为了简便，可省去T，用$U(k)$表示$U(kT)$，用$E(k)$表示$E(kT)$，则式（3–3）就可以写成如下离散 PID 表达式

$$U(k)=K_p\left\{E(k)+\frac{T}{T_I}\sum_{j=0}^{k}E(j)+\frac{T_D}{T}\left[E(k)-E(k-1)\right]\right\} \quad (3\text{–}4)$$

式（3–4）的输出量代表被控对象在每次采样时刻时的执行机构——调节阀等应达到的位置，它是全量输出量，因此式（3–4）被称为位置型数字 PID 控制算式。

要计算$u(k)$，依据式（3–4）需要知道当前次采样时刻的偏差信号$E(k)$与上一次偏差信号$E(k-1)$，同时累加历次采样时刻的偏差信号$E(j)$得到$\sum_{j=0}^{k}E(j)$。这种计算过程十分复杂麻烦，而且$E(j)$数据占用内存大，并且可能是无法实现的。因此，需对式（3–4）进行改进，通常所采用的改进方法有两种。

第一种方法是引入一个中间变量$S(k)$

$$S(k)=\sum_{j=0}^{k}E(j)$$

初态时，$S(0)=0$。每采样计算一次，就把上次$S(k)$加上本次偏差值，即执行

$$S(k)=S(k-1)+E(h) \quad (3\text{–}5)$$

因此式（3–4）就变形为

$$U(k)=K_P\left\{E(k)+\frac{T}{T_I}S(k)+\frac{T_D}{T}\left[E(k)-E(k-1)\right]\right\} \quad (3\text{–}6)$$

式（3–5）、式（3–6）就构成了迭代方程，每次计算当前采样时刻的控制量$U(k)$时，只需使用$S(k-1)$、$E(k)$、$E(k-1)$、$S(k)$ 4 个变量，这样既节省了内存单元，又不需花费大量的计算时间。

第二种方法是根据递推原理，先写出 A–1 时刻的输出值

$$U(k-1)=K_P\left\{E(k-1)+\frac{T}{T_I}\sum_{j=0}^{k-1}E(j)+\frac{T_D}{T}\left[E(k-1)-E(k-2)\right]\right\} \quad (3\text{-}7)$$

用式（3–4）减去式（3–7），并整理后得

$$U(k)=U(k-1)+K_P\left\{\left[E(k)-E(k-1)\right]+\frac{T}{T_I}E(k)+\frac{T_D}{T}\left[E(k)-2E(k-1)+E(k-2)\right]\right\} \quad (3\text{-}8)$$

式（3–8）是一种递推方程，每次计算当前采样时刻的控制量 $U(k)$ 时，只需使用 $U(k-1)$ 、$E(k)$ 、$E(k-1)$ 、$E(k-2)$ ，同样可节省内存和计算时间。

为了进一步方便计算机编程计算，可对式（3–8）进行变换，得

$$U(k)=U(k-1)+K_P\left(1+\frac{T}{T_I}+\frac{T_D}{T}\right)E(k)-K_P\left(1+2\frac{T_D}{T}\right)E(k-1)+K_P\frac{T_D}{T}E(k-2) \quad (3\text{-}9)$$

由于 K_P 、T_I 、T_D 、T 都是常数，因此设

$$a_0=K_P\left(1+\frac{T}{T_I}+\frac{T_D}{T}\right)$$

$$a_1=K_P\left(1+2\frac{T_D}{T}\right)$$

$$a_2=K_P\frac{T_D}{T}$$

可得

$$U(k)=U(k-1)+a_0E(k)-a_1E(k-1)+a_2E(k-2) \quad (3\text{-}10)$$

a_0 、a_1 、a_2 可在编程时预先计算完毕，这样按式（3–10）进行运算，可方便计算机编程，加快运算速度。

2. 增量型数字 PID 控制算式

在很多控制系统中，记忆和累加功能是必备的，例如步进电机和电位器的积分保持作用。控制过程中给定一个增量信号使执行机构在原来位置上前进或后退一步即可。因此需要控制器给出如下增量

$$\Delta U(k)=U(k)-U(k-1)$$

由式（3–8）~ 式（3–10）可得

$$\begin{aligned}\Delta U(k) &= U(k) - U(k-1) \\ &= K_P\left\{\left[E(k)-E(k-1)\right]+\frac{T}{T_I}E(k)+\frac{T_D}{T}\left[E(K)-2E(k-1)+E(k-2)\right]\right\} \\ &= K_P\left(1+\frac{T}{T_I}+\frac{T_D}{T}\right)E(k)-K_P\left(1+2\frac{T_D}{T}\right)E(k-1)+K_P\frac{T_D}{T}E(k-2) \\ &= a_0E(k)-a_1E(k-1)+a_2E(k-2)\end{aligned} \tag{3-11}$$

式（3–11）被称为 PID 增量式控制算式，系统输出执行机构为积分元件的情况下很适合使用这种控制算式。

3. 位置型和增量型比较

增量型 PID 算法在设计中需要实时保留给定的瞬时误差，根据实践需求，保留前三个即可满足要求，这种模式和 PID 相比的优劣如下。

①位置型中的输出结果存在记忆性，也就是说和之前的状态有一定关联，则在实际迭代中需要对之前的结构或者误差进行累加计算，因此在实际的运用中可能会产生比较大的误差值。而在增量型中，误差的计算通常采用增量的形式，因此其误差值通常比较小，也就是说，之前的计算误差或者误操作等问题对系统运行产生的影响较小。

②在控制结构和组成中，当系统从手动控制变换到自动处理时，位置型必须对输出进行初始化操作，并将阀门恢复到原始位置 $U(k-1)$，而这种操作在程序设计中是很难实现的。在增量算法的迭代和运算中，计算的结构和初始状态无关，其中最大的影响因素是本次产生的误差量，因此可以达到无跳跃形式的相互切换功能。

③在计算迭代中，当有积分形式时，就需要对结构中的积分项进行不停迭代，当积分项产生饱和效应时，会产生结构超调，在特殊情况下，甚至会出现积分的失控计算。增量型中即使在每一步中都出现偏差，在偏差累积到一定程度时，只需进行转向就可以避免积分失控行为产生。

增量型 PID 控制算法因其特有的优点已得到了广泛应用。但是，这种控制算法也有其不足之处，如积分截断效应大，存在静态误差，不能做到无差控制等。

在工程运用中，两种运算误差的方法应当灵活选择，不能一概而论。通常来讲，在对系统误差精度要求比较高的设备中，如晶闸管或伺服结构等，宜于取用位置型算法；在以步为单位进行运行的设备中，可以采用增量形式的误差算法。

二、数字 PID 控制器算法的几种改进形式

在实际应用中，只采用简单的标准数字 PID 模拟控制器进行系统控制将达不到理想的控制效果和状态。

①数字 PID 控制器在输出保持的作用下，输出的控制量在一个采样周期内是不变的，即输出的不连续。

②计算机的运算和输入 / 输出都需要一定时间，控制作用在时间上具有滞后性。

③计算机的运算字长是有限的，并且 ADC 和 DAC 存在分辨率及精度影响，而使控制误差不可避免。

基于以上因素，为了充分发挥计算机快速运行特点，还有灵活编写控制程序、超强逻辑判断能力的优势，需要将简单的 PID 数字控制器进行性能和功能两方面改进，才能在控制性能上超过模拟控制器，提高控制质量。

1. 抑制积分饱和的 PID 控制算法

（1）积分饱和的原因及其影响

在工程实际中，因为条件限制，控制范围常常受到电路和部分力学性能的诸多限制，且控制结构往往在一个区间之内。当被控量处于区间中时，我们则会认为系统可以按照之前的设定进行运作，当超出范围时会产生无法预测的情况。

如系统在开工、停工或发生定值突变时，相应系统输出也会发生误差，并且对于较大的误差所产生的输出很难在较短时间内消除，因此经过多次积分累加后会导致控制量 $U(k)$ 很大，一旦这个值超过物理机械的承载极限时就会失去控制。同样当出现负偏差时也会发生一种极端的失控情况。在发生这些情况的时候系统读取的控制量只能取最大值 U_{max} 或最小值 U_{min}，此时的控制将没有计算值地控制好，因此出现失控影响到控制效果的情况。

以给定值突变为例，首先假设系统的执行机构无极限，当给定值从 0 突变为 R 时会产生很大的偏差 e，直接导致控制量突变到很大的一个值，从而使一段时间内输出值 c 快速上升，控制量 u 也持续上升。只有当偏差减小，控制量将不再上升并且转而下降。当控制量 c 等于 R 时，受 u 的影响将导致输出量持续上升并且出现超调现象，然后偏差 e 变为负信号，又使积分项逐渐减少导致 u 迅速下降直到小于 0 时，偏差转变为正值，紧接着 u 又回升。随着 c 趋向稳定，u 逐渐趋向于 u_0。又由于 u 有极限值 U_{max}，所以如果开始的突变值恰当，u 就只能取 U_{max}。从而系统

在这个极限的影响下系统输出量以小于 u 的上升速度而逐渐上升，这就使得 e 在一段时间内始终保持为正值，导致积分累加逐渐增大。并且尽管输出量达到稳定后受控制作用的影响它还会持续上升直到偏差为负，积分累加 $\sum_{j=0}^{k}E(j)$ 逐渐减小，但前面积累过大，因此这个减小的持续时间将更长，最终使系统回到正常控制状态。由此可见，积分项是影响 PID 运算“饱和”的主要因素，因此这种情况又称为“积分饱和”。积分饱和的结果就是大大增加了调整时间和系统的超调量。这种“饱和效应”对控制系统是极为不利的。

在图 3-2 中，曲线 a 是执行机构不存在极限时的输出响应 $c(t)$ 和控制作用 $u(t)$；曲线 b 是存在 U_{max} 时对应的曲线，$u(t)$ 的虚线部分是 u 的计算值。

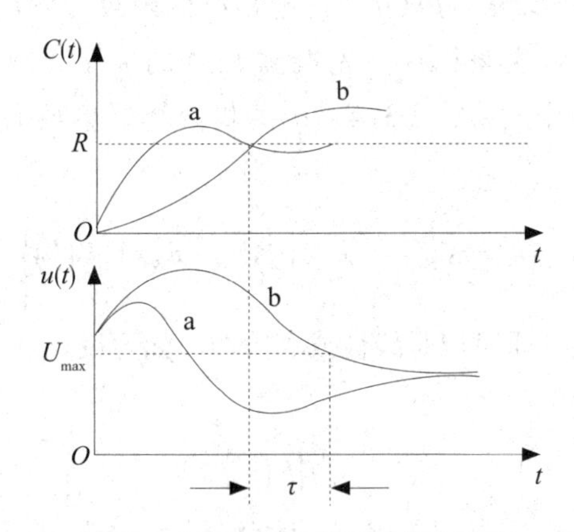

图 3-2 PID 算法的积分饱和现象

（2）积分饱和的抑制

有许多克服积分饱和的方法，下面介绍常用的三种方法。

①积分分离。它的基本思想是，当误差太大时，取消积分作用；当输出量接近给定值时，再加入积分作用，以减少静差，即

$$U(k)=K_P\left\{E(k)+Ke\frac{T}{T_I}\sum_{j=0}^{k}E(j)+\frac{T_D}{T}\left[E(k)-E(k-1)\right]\right\} \tag{3-12}$$

式中，K_e 为逻辑系数。

$$K_e=\begin{cases}0 & \text{当}\left|E(k)\right|\geqslant\varepsilon\text{ 时，PD控制，无积分积累}\\ 1 & \text{当}\left|E(k)\right|<\varepsilon\text{ 时，PID控制，消除静差}\end{cases}$$

ε 是门限值，一般通过实验来确定，且对克服积分饱和有重要作用。

为了改善单纯简单 PID 控制特性，算法引入了积分分离来确保控制量不进入饱和状态，或者能够在进入饱和后及时退出这种状态。

②遇限削弱。如果进入饱和状态的控制量执行削弱积分项累加，那么其就不会进行大量的积分累加。具体的是在计算 $U(k)$ 的时候预先对前一步 $U(k-1)$ 判断，如果其值超过 U_{max} 则系统转入只累计负偏差，相反如果是小于最小值就累计正偏差。这种方法可有效减小系统处于饱和区的时间。

③变速积分。这种方法是通过减小积分速度来实现的，具体是需要保证其与偏差的大小是相对应的。也就是说其要求积分速度越慢，对应的偏差越大。同时偏差小的时候积分就加快速度以此来消除静差。

为此，可设置一个参数 $f[E(k)]$，它是 $E(k)$ 的函数，当 $E(k)$ 增大时，$f[E(k)]$ 减小，反之则增大。每次采样后，先根据 $E(k)$ 的大小求取 $f[E(k)]$，然后乘以 $E(k)$，再加到累加和中。将式（3-4）中的积分算式单独取出并设为 $U_1(k)$，整理得

$$U_I(k)=K_P\frac{T}{T_I}\left\{\sum_{j=0}^{k-1}E(j)+f\left[E(k)\right]E(k)\right\} \tag{3-13}$$

$f[E(k)]$ 和 $E(k)$ 的关系可以是线性或高阶的，如可设

$$f\left[E(k)\right]=\left\{\begin{array}{ll}1 & \text{当}\left|E(k)\right|\le B\\ A\text{-}\left|E(k)\right|+B & \text{当B}<\left|E(k)\right|\le A+B\\ 0 & \text{当}\left|E(k)\right|>\text{A}+\text{B}\end{array}\right\}A\text{-}\left|E(k)\right|+B$$

即当偏差 $|E(k)|\leqslant B$ 时，$f[E(k)]=1$；当 $\left|E(k)\right|>A+B$ 时 $f[E(k)]$ =0，不再对当前值 $E(k)$ 进行累加；而当 $B<\left|E(k)\right|\leqslant A+B$ 时，$f[E(k)]$ 在 0 ~ 1 的区间内变化，$E(k)$ 越接近 B，$f[E(k)]$ 越接近 1，累加速度就越快。这种算法对 A、B 两个参数的要求不精确，因此参数整定时较容易。

变速积分法与积分分离法有相似之处，不同的地方是其调节方式不同。积分分离采用的是“开关”控制对积分项进行处理，而积分变速是缓慢变化，属线性控制，因此后者调节品质得到了大大提高。

2. 抑制微分冲击的 PID 控制算法

（1）微分冲击的原因及其影响

微分的作用很明显，首先可以克服一定程度的震荡现象，此外还可以降低超

调量稳定系统。这些优点就加快了系统执行效率，可以很大程度上减少系统的调整时间从而改善动态特性。给定值如果发生高频率的上升下降，微分也会相应影响控制量升降变化，这时就有可能造成系统频繁震荡和超调，这种冲击作用会对系统造成破坏，这种微分冲击也可以饱和，系统在高频噪声干扰的条件下可能会导致执行卡死。

在模拟控制系统中，微分作用如式（3–14）所示，呈现一个指数规律曲线，能够在较长时间内起作用。

$$U_d(t)=K_P T_D \frac{\mathrm{d}e(t)}{dt} \tag{3–14}$$

然而在数字控制系统中，微分作用分析如下。

将式（3–4）中标准数字 PID 控制器中的微分算式单独取出得

$$U_D(k)=R_P \frac{T_D}{T}\left[E(k)-E(k-1)\right] \tag{3–15}$$

对式（3–15）微分算式进行 Z 变换，根据实数位移定理得

$$U_D(z)=K_P \frac{T_D}{T} E(z)\left(1-z^{-1}\right) \tag{3–16}$$

因此当 $e(t)$ 为单位阶跃信号输入时，即

$$E(z)=\frac{1}{1-z^{-1}}$$

由式（3–16）得

$$U_D(z)=K_P \frac{T_D}{T} \tag{3–17}$$

Z 反变换后得

$$U_D(t)=K_P \frac{T_D}{T}\delta(t) \tag{3–18}$$

即 $U_D(t)$ 仅在 $t=0$ 时，输出等于 $K_P \frac{T_D}{T}$，在其他采样时刻输出均为 0。可见，简单的标准 PID 控制器对单位阶跃信号的微分作用只会在第一个采样周期存在。

（2）微分作用的改进

为了克服数字控制系统微分冲击的影响，不但可采用不完全微分 PID 方法，还可使用微分先行 PID 算法，现分述如下。

①不完全微分 PID 算法。这种算法是仿照实际微分器编写的算法程序，程序中加入了可以克服微分缺点的惯性环节，该算法的传递函数表达式如下

$$\frac{U(s)}{E(s)}=R_P\left(1+\frac{1}{T_Is}+\frac{T_Ds}{1+\frac{T_D}{R_D}s}\right) \tag{3-19}$$

式中，K_D 被称为微分增益。

设加入一阶惯性环节微分作用的传递函数为

$$\frac{U_D(s)}{E(s)}-K_P\frac{T_Ds}{1+\frac{T_D}{K_D}s} \tag{3-20}$$

交叉相乘后得

$$U_D(s)\left(1+\frac{T_D}{K_D}s\right)=K_PT_DsE(s)$$

推导得

$$U_D(s)+\frac{T_D}{K_D}sU_D(s)=K_PT_DsE(s)$$

$$U_D(k)+\frac{T_D}{K_D}\frac{U_D(k)-U_D(k-1)}{T}=K_PT_D\frac{E(k)-E(k-1)}{T}$$

$$U_D(k)\left(1+\frac{T_D}{K_DT}\right)=K_PT_D\frac{E(k)-E(k-1)}{T}+\frac{T_DU_D(k-1)}{K_DT}$$

$$\begin{aligned}U_D(k)&=\frac{K_PT_D}{T\left(1+\frac{T_D}{K_DT}\right)}\left[E(k)-E(k-1)\right]+\frac{T_D}{K_DT\left(1+\frac{T_D}{K_DT}\right)}U_D(k-1)\\&=K_P\frac{T_D}{T}\left[E(k)-E(k-1)\right]+aU_D(k-1)\end{aligned}$$

其中，$T_s=\frac{T_D}{K_D}+T,a=\frac{T_D/K_D}{T+T_D/K_D}$

因此，不完全微分的 PID 位置算式为

$$U(k)=K_P\left\{E(k)+\frac{T}{T_I}\sum_{j=0}^{h}E(j)+\frac{T_D}{T_s}\left[E(k)-E(k-1)\right]\right\}+aU_D(k-1)$$

这种算法相比理想的PID算式多了一项 $(k-1)$ 次采样所对用的微分输出量 $aU_D(k-1)$。

完全微分和不完全微分算法处理单位阶跃信号的思路完全不同。具体控制输出的差异如图3–3所示。

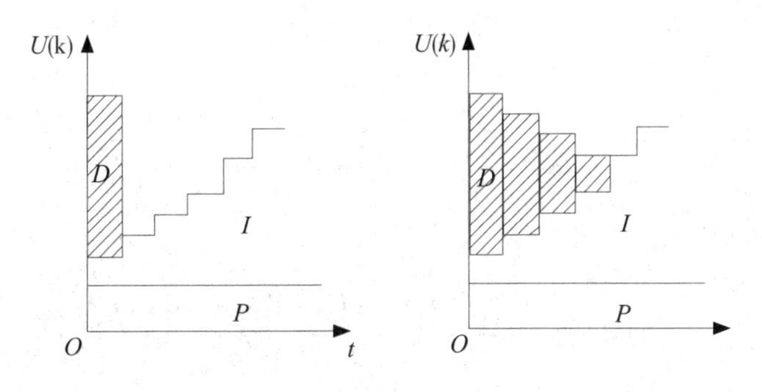

a）完全微分输出特性　　b）不完全微分输出特性

图3–3　两种微分作用的比较

完全微分算法处理阶跃信号的过程中会有一个很大幅值的信号输出，同时其会在一个周期之内速降为0。由于信号的变化比较剧烈所以系统很容易发生震荡。不完全积分算法的衰减是按照指数函数递减的，因此可以延续很长时间至几个周期，这种PID控制的系统变化缓慢因此不会出现震荡，且延续时间通常与 K_D 密切相关，一般来说 K_D 越大延续的时间就会越短。一般控制系统的 K_D 取值范围是10 ~ 30。总的来说不完全微分算法的控制系统相对效果更好。

②微分先行PID算法。其基本思想是，在标准数字PID控制算法中，加入一个一阶惯性环节可构成微分先行数字控制器，这种前置低通滤波器可以通过对 $e(t)$ 进行修改使进入控制算法的 $e^*(t)$ 不发生突变而有一定惯性延迟作用。因此，它可以缓和微分产生的瞬时脉动，因此能加强微分对全控制过程的影响，提高稳定性。

一阶惯性环节的传递函数为

$$G_f(s)=\frac{1}{T_f s+1} \tag{3–21}$$

标准 PID 控制器的传递函数如式（3–1）所示，为

$$D(s)=\frac{U(s)}{E(s)}=K_P\left(1+\frac{1}{T_I s}+T_D s\right)$$

则微分先行的 PID 控制器的传递函数为

$$D_f(S)=G_f(s)D(s)=\frac{1}{T_f s+1}K_P\left(1+\frac{1}{T_I s}+T_D s\right)=\frac{K_P\left(1+T_I s+T_I T_D s^2\right)}{T_I s\left(T_f s+1\right)} \quad (3\text{–}22)$$

设

$$T_f=aT_2, T_I=T_1+T_2,$$

则

$$K_P=\frac{K_1\left(T_1+T_2\right)}{T_1}, T_D=\frac{T_1 T_2}{T_1+T_2}$$

将式（3–22）化简，得

$$\begin{aligned}D_f(S)&=\frac{K_1\left(T_1+T_2\right)}{T_1}\frac{\left[1+\left(T_1+T_2\right)s+T_1T_2s^2\right]}{\left(T_1+T_2\right)s\left(aT_2s+1\right)}\\&=\frac{K_1}{T_1}\frac{\left(T_1s+1\right)\left(T_2s+1\right)}{s\left(aT_2s+1\right)}\\&=\frac{\left(T_2s+1\right)}{\left(aT_2s+1\right)}K_1\frac{\left(T_1s+1\right)}{T_1s}\end{aligned}$$

最后得式（3–23），即微分先行的 PID 控制器的传递 $D_f(S)$。

$$D_f(S)=\frac{T_2s+1}{aT_2s+1}K_1\left(1+\frac{1}{T_1s}\right) \quad (3\text{–}23)$$

式中，T_1 为实际积分时间；T_2 为实际微分时间；K_1 为放大系数；a 为微分放大系数。为了保证 PID 控制作用和高频滤波效果，通常取 $0< a <1$，使用中常取 $a=0.1$。

式（3–23）对应的框图如图 3–4 所示。

图 3–4 中的前置方块 $\frac{T_2s+1}{aT_2s+1}$ 主要起微分作用，因此它称为微分先行 PID 控制。

按照前面介绍的不完全微分 PID 控制算法的推导方法，读者可自行推导它的差分方程。

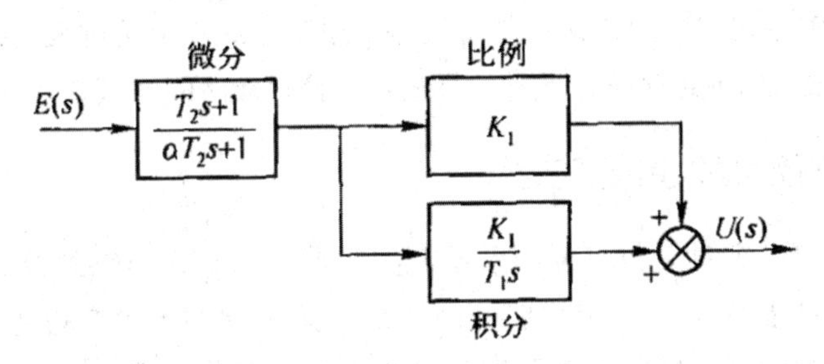

图 3-4　微分先行控制器框图

3. 其他的 PID 改进控制算法

（1）避免控制动作过于频繁的 PID 算法——带死区的 PID 控制

对于大多数控制要求不太高、控制过程只要求尽量稳定的情况通常采用这种算法。例如，化工厂中间容器的液位控制，采用此种带死区的 PID 控制不仅可以避免频繁的系统振荡还可以降低控制成本。

$$U(k)=\begin{cases}U(k), & 当|E(k)|>B\\ U_0, & 当|E(k)|\leqslant B\end{cases}$$

式中，U_0 是一个常数，也可以为 0；B 为不灵敏区的宽度，是一个可调参数，其数值根据被控对象由实验确定。B 值太小，调节阀动作过于频繁；B 值太大，系统节阀动作过于迟缓；B=0，则为标准的数字 PID 算式。

（2）提高控制速度的 PID 算法——砰砰控制

这是一种输出量只有开和关两种状态的、在时间上最优的控制方法，因此也叫作时间控制法。需要指明的是当输出控制量小于给定的值时就会是最大控制量即为开的状态，反之就是关。在输出量迅速增大的情况下，系统预计达到给定值的时刻将控制为开的状态，系统是通过惯性作用来达到给定值的。

这种算法的优点就是反应速度极快，且由于执行结果只有开和关两种状态，因此执行机构控制十分简单。但其也有系统特性变化快的缺点，因此控制有可能发生错误从而带来误差导致系统不稳定。因此，可综合砰砰和 PID 两种控制方式，即根据偏差的大小，在砰砰控制和 PID 控制之间进行切换。

$$U(k)=\begin{cases}砰砰控制， & 当|E(k)|>a\\ \text{PID}控制， & 当|E(k)|\leqslant a\end{cases}$$

a 是一个可调参数，如果 a 取值小到一定程度，砰砰控制的范围就很大，并且过渡时间短，超调量还有可能变大；如果 a 取值大到一定程度，砰砰控制的范围就会较小。在控制过程中，为了让控制量偏差尽量减小或不至于过大，控制量应取与偏差同正负的最大值或最小值，此外这样还可以使过渡时间缩短。

三、PID 控制器的参数整定

参数调整和设定对于数字控制系统至关重要，它直接影响到控制系统或产品的调节品质与性能。通常来说数字控制系统的采样周期比生产过程周期小很多，因此其参数一般也可以按模拟调节器的各个参数来调整。积分时间常数 T_I 、微分时间常数 T_D 、比例系数 K_P 这三个参数是最重要的，此外采样周期 T 的大小会影响控制精度，因此也是数字控制系统中需要选择的一个重要参数。

1. 采样周期的选择

对于采样周期 T 的选取需要依据具体情况确定。

如果采样频率的上限为 $f_s \geqslant 2f_{\max}$ ，那么依据香农采样定理可确定当 $f_{\max}$ 是被采样信号最高频率时系统可以将原来的信号真实准确恢复。

理论上来说采样的频率越高信息越完整，那么失真就越小。实际上的控制器依靠偏差信号 $E(k)$ 来计算和调节，也就是说实际上采样的频率越高、周期太小也会造成偏差过大从而导致失真。综上所述，采样周期的选择依然需要综合考虑各方面的因素，通常是通过工程实践中的经验来确定的。对一些常见的物理量，表 3-1 列出了一些经验数据，可供选择参考。

表 3-1　采样周期 T 的经验数据

被测参数	采样周期经验值 /s	备 注
流量	1 ~ 5	优先选择 1 ~ 2
液位	3 ~ 10	优先选择 5
压力	6 ~ 8	—
温度	10 ~ 20	—

表 3-1 列出了几种常见的被测参数的采样周期 T 的经验选择数据，可供设计人员设计时参考。但由于实际生产过程中影响因素数不胜数，因此具体情况需要具体对待，不能盲目相信经验数据，当经验数据不合适时可用试探法调试确定。

2.扩充临界比例度法选择PID参数

选择PID参数通常以模拟调节器的临界比例法为基础，其是通过对临界比例进行拓展而产生的一种确定数字控制器参数的方法，用它确定T、K_P、T_I和T_D的步骤如下：

（1）选择一个足够短的采样周期T_{min}

例如，一个带有单纯滞后环节的系统采样周期为T_{min}，系统去掉积分作用和微分作用，而单纯进行比例控制，那么其滞后时间在0.1以下。

（2）求出临界比例系数K_r和系统的临界振荡周期T_r

从小到大改变比例系数K_P的值，直到系统对阶跃信号的响应能持续4～5次震荡时可以认为已经达到了系统的临界震荡状态。此时记录相应的比例系数K_r和震荡周期T_r。

（3）选择合适的控制度

以调节器为基准，控制度就是指把控制器与模拟器的控制效果进行比较分析，具体来说就是比较二者过渡过程误差平方的积分比。

$$\text{控制度}=\frac{\left[\int_0^\infty e^2(t)\mathrm{d}t\right]_{DDC}}{\left[\int_0^\infty e^2(t)\mathrm{d}t\right]_{\text{模拟}}}$$

人们需要理解的是控制度仅仅代表控制效果，因此在实际计算中并不需要求出具体误差平方的积分比。比较结果显示当控制度为1.05时二者的控制效果是一样的，控制度达到2时模拟调节器的控制效果明显比数字控制器的要好。

（4）查表

根据控制度查表3-2，求出采样周期T、比例系数K_P、积分时间T_I和微分时间T_D的值。

表3-2　扩充临界比例度法整定参数

控制度	控制规律	T	K_P	T_I	T_D
1.05	PI	0.03 T_r	0.53 K_r	0.88 T_r	—
	PID	0.014 T_r	0.63 K_r	0.49 T_r	0.14 T_r

续 表

控制度	控制规律	T	K_P	T_I	T_D
1.2	PI	0.05 T_r	0.49 K_r	0.91 T_r	—
	PID	0.043 T_r	0.47 K_r	0.47 T_r	0.16 T_r
1.5	PI	0.14 T_r	0.42 K_r	0.99 T_r	—
	PID	0.09 T_r	0.34 K_r	0.43 T_r	0.20 T_r
2.0	PI	0.22 T_r	0.36 K_r	1.05 T_r	—
	PID	0.16 T_r	0.27 K_r	0.40 T_r	0.22 T_r

3. 扩充响应曲线法选择 PID 参数

不同于上述的参数选择方法，这种扩充响应曲线的方法不能直接在闭环控制中调整确定参数，而是需要提前知道研究对象的动态特性。数字控制器的参数也可以通过借助模拟控制器的类似响应曲线来调定，这就是所谓的扩充响应曲线法。其步骤如下。

①首先要在手动的情况下操作，因此必须断开数字控制器，系统进入手动状态工作后调节被调量为给定值；待其稳定后给对象施加一个阶跃输入信号，使其突然改变。

②记录被调量在阶跃输入下的整个变化过程曲线。

③处理得到的曲线。首先通过在曲线最大斜率处的切线得到滞后时间 τ 、被控对象时间常数 T_r ，还有它们的比值 T_r/τ 。

根据所求得的 T_r 、 τ 和它们的比值 T_r/τ ，选择一个控制度，查表 3–3 即可求得控制器的 K_P 、 T_I 、 T_D 和采样周期 T 。表 3–3 中控制度的求法与扩充临界比例度法相同。

表 3–3 扩充响应曲线法整定参数

控制度	控制规律	T	K_P	T_I	T_D
1.05	PI	0.1 τ	0.84 T_r/τ	0.34 τ	—
	PID	0.05 τ	1.15 T_r/τ	2.0 τ	0.45 τ

续　表

控制度	控制规律	T	K_P	T_I	T_D
1.2	PI	$0.2\ \tau$	$0.78\ T_r/\tau$	$3.6\ \tau$	—
	PID	$0.16\ \tau$	$1.0\ T_r/\tau$	$1.9\ \tau$	$0.55\ \tau$
1.5	PI	$0.5\ \tau$	$0.68\ T_r/\tau$	$3.9\ \tau$	—
	PID	$0.34\ \tau$	$0.85\ T_r/\tau$	$1.62\ \tau$	$0.65\ \tau$
2.0	PI	$0.8\ \tau$	$0.57\ T_r/\tau$	$4.2\ \tau$	—
	PID	$0.6\ \tau$	$0.6\ T_r/\tau$	$1.5\ \tau$	$0.82\ \tau$

4. PID 归一参数整定法

这是一种比扩充临界比例度法更简单的方法，因为这种归一参数处理方法只需要调整一个参数就可以了。

已知增量型 PID 控制的公式为

$$\Delta U(k)=U(k)-U(k-1)$$
$$=K_P\left\{\left[E(k)-E(k-1)\right]+\frac{T}{T_1}E(k)+\frac{T_D}{T}\left[E(k)-2E(k-1)+E(k-2)\right]\right\}$$

若令

$$T=0.1T_r;TI=0.5T_r;T_D=0.125T,$$

T_r 为纯比例作用下的临界振荡周期，则

$$\Delta U(k)=U(k)-U(k-1)=K_P\left\{2.45E(k)-3.5E(k-1)+1.25E(k-2)\right\} \quad (3\text{–}24)$$

由式（3–24）可知，将对 4 个参数的整定简化成对一个参数 K_P 的整定，就使问题明显简化了。在此过程中，设计人员要通过改变 K_P 的值，观察控制效果，直到满意为止。

5. 现场试验法确定 PID 参数

通常在有静态误差时可以通过调大比例系数 K_P 来加快系统响应从而减小静态误差，但这样有一个问题就是会引起较大超调量从而导致系统可能出现震荡，降低稳定性。

为了解决系统的超调和震荡问题，可以采用增大积分时间 T_I 来降低超调量，

从而减小震荡并提高系统稳定性。同时这又会引起系统对误差减慢的减低速度。

此外，加快系统响应的方法可以增大微分的时间 T_D ，这种调节会降低系统的超调，并增强稳定性，但是对系统的抗干扰能力也会有所削弱，从而使系统的敏感性提高。

根据试凑过程中各个参数的影响程度可按照优先调节比例系数，再调节积分时间和微分时间的顺序进行。

①首先只整定比例部分，具体做法是由小到大调节比例系数，记录系统的反应特性，从中挑选出反应迅速同时超调量小的响应曲线。如果系统的静差够小，响应曲线也合格，此时还可以用比例调节器优化比例系数。

②如果第一步调节没有将系统的静差降到合适范围，那么就需要考虑添加积分环节。具体操作为先设置一个较大的积分时间然后结合第一步的比例系数缩小比例，同时缩小积分时间，这个过程可以在系统保持良好特性的情况下降低静态误差。在这个过程中设计人员需要依据响应曲线和设置的比例系数逐渐减小二者的数值以获得最优结果。

③如果经过第二步还没有达到理想结果，那么就可以考虑添加微分环节来构成比例积分微分调节器。与设置积分时间不同，因为积分与微分可以说是两个相反的过程，所以微分时间 T_D 的初值要设置为 0，然后在调试过程中逐渐增大，逐步调试直到最终获得最佳响应效果的参数值。

第二节　滞后超前补偿

通常在热工和化工行业的生产过程中会出现纯滞后被控对象，这种纯滞后环节对工业系统有相当大的损坏，由于其会导致系统长时间处于大幅超调状态，从而会极大影响系统的稳定性。热工和化工这类控制系统主要考察系统的超调量，要求超调量尽量小、调整时间尽量长，无超调量是最好的情况，一般不严格要求系统的快速性。

大量工程实践证明对于这类以超调量为指标的系统如果用最少拍来控制都是不能达到合格控制要求的，简单的 PID 控制也不能达到让人满意的效果。对此，工程上通常用大林算法或史密斯预估补偿算法来进行改善控制系统。

一、大林算法

通常可用带纯滞后的一阶或二阶惯性环节来近似工业生产过程对象，传递函数为

$$G_d(s)=\frac{Ke^{-\tau s}}{(T_1 s+1)} \tag{3-25}$$

$$G_d(s)=\frac{Ke^{-\tau s}}{(T_1 s+1)(T_2 s+)} \tag{3-26}$$

被控对象的时间常数为 T_1、T_2，被控对象的纯滞后时间常数为 τ，采样周期是 T，通常令 $\tau=NT$，N 为正整数。

大林算法设计的数字控制器 $D(s)$ 的闭环传递函数 $\Phi(s)$ 具有纯滞后，且滞后是与被控对象的滞后相等的一阶惯性环节，即

$$\Phi(s)=\frac{e^{-\tau s}}{T_m s+1} \quad \tau=NT;N=1,2,\cdots \tag{3-27}$$

式（3-27）中，等效惯性时间常数为 T_m，用零阶保持器对 $\Phi(s)$ 进行离散化就得到系统的闭环 Z 传递函数

$$\begin{aligned}\Phi(z)&=\frac{C(z)}{R(z)}=Z\left[\frac{1-e^{-Ts}}{s}-\frac{e^{-\tau s}}{T_m s+1}\right]\\&=Z\left[\frac{1-e^{-Ts}}{s}-\frac{e^{-NTs}}{T_m s+1}\right]=Z\left[\frac{e^{-NTs}}{s(T_m s+1)}-\frac{e^{-(N+1)Ts}}{s(T_m s+1)}\right]\\&=\left[\frac{e^{-NTs}\frac{1}{T_m}}{s\left(s+\frac{1}{T_m}\right)}-\frac{e^{-(N+1)Ts}\frac{1}{T_m}}{s\left(s+\frac{1}{T_m}\right)}\right]\\&=\left(Z^{-N}-Z^{-(N+1)}\right)\frac{\left(1-e^{-\frac{T}{T_m}}\right)Z}{(Z-1)\left(Z-e^{-\frac{T}{Tm}}\right)}\\&=\frac{z^{-(N+1)}\left(1-e^{-T/T_m}\right)}{1-e^{-T/T_m}z^{-1}}\end{aligned} \tag{3-28}$$

数字控制器 $D(z)$ 的脉冲传递函数为

$$D(z)=\frac{U(z)}{R(z)}=\frac{\Phi(z)}{G(z)\left(1-\Phi(z)\right)} \tag{3-29}$$

大林算法的数字控制器 $D(z)$ 脉冲传递函数的结构形式与被控对象紧密相关，且由 $G(z)$ 、$\Phi(z)$ 代入式（3–29）中可求出具体形式。运用大林算法设计的时间常数为纯滞后闭环脉冲传递函数 $D(z)$ 的一阶惯性时间常数 T_m 。

1. 带纯滞后一阶惯性环节的大林算法

当被控对象是带纯滞后一阶惯性环节时

$$G_d(s)=\frac{Ke^{-\tau s}}{(T_1 s+1)}$$

则带零阶保持器的一阶广义被控对象的 Z 传递函数为

$$G(z)=Z\left[\frac{1-e^{-sT}}{s}\frac{Ke^{-Ts}}{T_1 s+1}\right]=K\frac{z^{-(N+1)}\left(1-e^{-T/T_1}\right)}{1-e^{-T/T_1}z^{-1}} \tag{3-30}$$

将式（3–28）与式（3–30）代入式（3–29），可得大林算法的数字控制器 $D(z)$，即

$$\begin{aligned}D(z)&=\frac{\Phi(z)}{G(z)\left(1-\Phi(z)\right)}\\&=\frac{\left(1-e^{-T/T_1}z^{-1}\right)\left(1-e^{-T/T_m}\right)}{K\left(1-e^{-T/T_1}\right)\left[1-e^{-T/T_m}z^{-1}-\left(1-e^{-T/T_m}\right)z^{-(N+1)}\right]}\end{aligned} \tag{3-31}$$

式（3–31）就是我们所要求的大林算法数字控制器 $D(z)$，它可以用计算机程序来实现，而且随广义对象 $G(z)$ 的不同而不同。

2. 带纯滞后二阶惯性环节的大林算法

当被控对象是带纯滞后二阶惯性环节

$$G_d(s)=\left(\frac{Ke^{-\tau s}}{(T_1 s+1)(T_2 s+1)}\right)$$

则带零阶保持器的二阶广义被控对象的 Z 传递函数为

$$
\begin{aligned}
G(z) &= Z\left[\frac{1-e^{-sT}}{s}\cdot\frac{Ke^{-\tau S}}{(T_1 s+1)(T_2 s+1)}\right] \\
&= K\left(z^{-N}-z^{-(N+1)}\right)Z\left[\frac{1}{s(T_1 s+1)(T_2 s+1)}\right] \\
&= K\left(1-z^{-1}\right)z^{-N}z\left[\frac{1}{s(T_1 s+1)(T_2 s+1)}\right] \\
&= K\left(1-z^{-1}\right)z^{-N}z\left[\frac{1}{1-z^{-1}}+\frac{T1}{(T_2-T_1)\left(1-e^{-T/T_1}z^{-1}\right)}-\frac{T2}{(T_2-T_1)\left(1-e^{-T/T_2}z^{-1}\right)}\right] \\
&= \frac{K\left(c_1+c_2 z^{-1}\right)z^{-(N+1)}}{\left(1-e^{-T/T_1}z^{-1}\left(1-e^{-T/T_2}z^{-1}\right)\right)}
\end{aligned}
$$

其中，

$$
c_1 = 1+\frac{1}{T_2-T_1}\left(T_1 e^{-T/T_1}-T_2 e^{-T/T_2}\right)\Big]
$$

$$
c_2 = e^{-T(1/T_1+1/T_2)}+\frac{1}{T_2-T_1}\left(T_1 e^{-T/T_2}-T_2 e^{-T/T_1}\right)\Big] \tag{3-32}
$$

将式（3–28）与式（3–32）代入式（3–29）中，可得大林算法的数字控制器 $D(z)$，即

$$
D(z)=\frac{\left(1-e^{-T/T_m}\right)\left(1-e^{-T/T_1}z^{-1}\right)\left(1-e^{-T/T2}z^{-1}\right)}{K\left(c_1+c_2 z^{-1}\right)\left[1-e^{-T/T_m}z^{-1}-\left(1-e^{-T/T_m}z^{-1}\right)z^{-(N+1)}\right]} \tag{3–33}
$$

式（3–33）是为带纯滞后的二阶惯性环节对象所设计的大林算法数字控制器 $D(z)$。

二、史密斯预估补偿算法

1. 史密斯预估补偿原理

在系统中引入一个与被控对象并联的补偿器 $D_r(z)$，用来补偿被控对象中的纯滞后环节，使得补偿后等效对象的传递函数不再包含纯滞后，然后针对这个不包含纯滞后的等效对象，按常规方法为其基础设计数字控制器 $D(z)$，并且一般采用 PID 控制设计 $D(z)$。

设带纯滞后环节的广义被控对象传递函数为

$$G(s)=G'(s)e^{-\tau s} \tag{3-34}$$

式中，τ 为滞后时间；$G'(s)$ 为不含纯滞后环节被控对象的传递函数。

史密斯预估补偿控制系统框图如图 3–5 所示。其中，$D_r(s)$ 为史密斯预估补偿器，加入它之后等效对象不再含有纯滞后环节，即

$$\frac{G'(s)}{U(s)}=G'(s)e^{-\tau s}+D_r(s)=G_P(s) \tag{3-35}$$

$G_P(s)$ 为等效对象的传递函数，若取 $G_P = G'(s)$，则补偿器的传递函数应为

$$D_r(s)=G'(s)\left(1-e^{-\tau s}\right) \tag{3-36}$$

将设计好的补偿器放入系统，并将图 3–5 化简可得如图 3–6 所示的史密斯实际预估补偿器框图。

纯滞后补偿器 $D'(s)$ 由史密斯预估补偿器 $D_r(s)$ 和数字控制器 $D(s)$ 组成。这种补偿回路的传递函数为

$$D'(s)=\frac{D(s)}{1+D(s)G'(s)\left(1-e^{-\tau s}\right)} \tag{3-37}$$

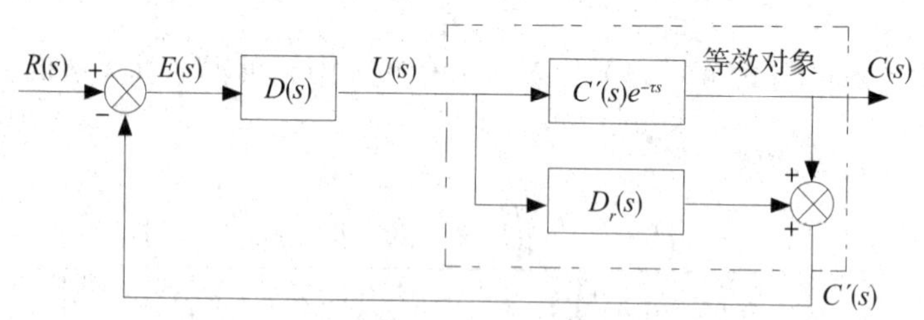

图 3–5 史密斯预估补偿控制系统框图

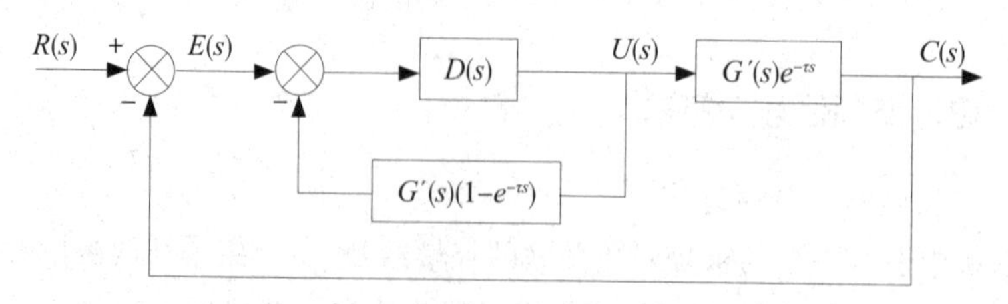

图 3–6 史密斯实际预估补偿器框图

因此得补偿后的系统闭环传递函数为

$$\Phi(z)=\frac{D'(s)G'(s)e^{-\tau s}}{1+D'(s)G'(s)e^{-\tau s}}=\frac{D(s)G'(s)}{1+D(s)G'(s)}e^{-\tau s}=\Phi'(z)e^{-\tau S}\tag{3-38}$$

在 $D(s)$ 和 $G'(s)$ 闭环系统的基础上，添加补偿就相当于直接添加一项纯滞后环节。由于补充的这个纯滞后环节在原来闭环之外，因此新添加的补偿只是将控制过程的时间向后推迟了 τ 而不会影响原系统的稳定性。

2. 史密斯预估补偿实现

式（3–38）中，采用模拟化设计方法，$D(s)$ 、$G'(s)e^{-\tau s}$ 分别为 PID 数字控制器和带有零阶保持器的广义被控对象传递函数，其具体设计步骤如下。

第一，根据被控对象的带纯滞后环节的传递函数 $G_d(s)$ 求被控对象的广义传递函数 $G(s)=ZOHG_d(s)=G'(s)e^{-\tau s}$ 。

第二，设置满足系统性能要求的 PID 数字控制器 $D(s)$ ，但是要按照广义被控对象的传递函数 $G'(s)$ ，即不带纯滞后环节的函数进行。

第三，计算 $D_r(s)$ 即史密斯预估补偿器，按照式（3–36）进行。

第四，将 $D(s)$ 和 $D_r(s)$ 离散化处理后简化成差分形式即可编程实现计算。

第三节　离散系统的设计

为了克服模拟设计方法中采样周期不允许过大的缺点，直接数字控制器把控制系统当作纯粹的离散系统，按照设计准则通过 Z 变换工具，设计基于脉冲传递函数为数学模型的数字控制器 $D(z)$ 。

这种直接数字控制器是完全依据采样系统特点来设计的分析控制器，它相比模拟控制器更有普遍意义和控制规律。基于计算机软件技术，这种控制就可以得到灵活运用。

一、直接数字控制器的脉冲传递函数

在图 3–7 所示的计算机控制系统原理框图中，$D(z)$ 为数字控制器的脉冲传递函数；$G_h(s)$ 为零阶保持器；$G_d(s)$ 为控制对象传递函数；$G(s)$ 为包括保持器在内的连续部分传递函数；$\Phi(z)$ 为闭环系统脉冲传递函数；$R(z)$ 为输入信号的 Z 变换；$C(z)$ 为输出信号的 Z 变换。

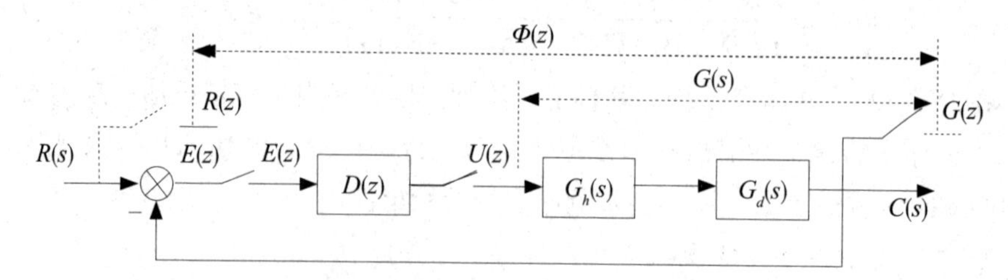

图 3-7　计算机控制系统原理框图

由离散控制理论可知，闭环系统脉冲传递函数 $\Phi(z)$ 为

$$\Phi(z)=\frac{C(z)}{R(z)}=\frac{D(z)G(z)}{1+D(z)G(z)} \tag{3-39}$$

定义 $\Phi_e(z)$ 为闭环系统误差脉冲传递函数，则

$$\Phi_c(z)=\frac{E(z)}{R(z)}=\frac{1}{1+D(z)G(z)} \tag{3-40}$$

将式（3–39）和式（3–40）相加并整理得

$$\Phi_c(z)=1-\Phi(z) \tag{3-41}$$

由式（3–40）和式（3–41）推导数字控制器的脉冲传递函数 $D(z)$ 为

$$\begin{aligned}E(z)&=\left[1+D(z)\cdot G(z)\right]\\&=R(z)\\D(z)&=\frac{R(z)-E(z)}{E(z)G(z)}=\frac{R(z)-R(z)\Phi_e(z)}{R(z)\Phi_e(z)G(z)}\\&=\frac{1-\Phi_e(z)}{\Phi_e(z)G(z)}\\&=\frac{\Phi(z)}{\left(1-\Phi(z)\right)G(z)}=\frac{\Phi(z)}{\Phi_e(z)G(z)}\end{aligned} \tag{3-42}$$

在式（3–42）中，广义对象的脉冲传递函数 $G(z)$ 是保持器和被控对象所固有的，一旦被控对象确定，$G(z)$ 是不能改变的。但是，误差脉冲传递函数 $\Phi_e(z)$ 是随不同的典型输入而改变的，闭环脉冲传递函数 $\Phi(z)$ 是根据系统性能的要求而确定出的。因此，当 $G(z)$ 、$\Phi(z)$ 、$\Phi_e(z)$ 确定后，数字控制器 $D(z)$ 就可唯一确定。式（3–42）是数字控制器的分析和设计基础模型。

二、最少拍随动系统数字控制器设计

在采样过程中，通常称一个采样周期为一拍。最少拍系统指输入典型信号时系统能在有限个采样周期（有限拍）内结束响应过程从而完全跟踪控制信号，并且在采样时刻上无稳态误差的离散控制系统。

最少拍控制系统设计，也被称为时间最佳系统设计，调整时间最短是控制系统的性能指标。下面就讨论最少拍控制系统设计。

典型输入信号，如单位阶跃函数、单位斜坡函数和单位加速度函数的 Z 变换分别为

$$Z\left[1(t)\right]=\frac{z}{z-1}=\frac{1}{1-z^{-1}}$$

$$Z\left[t\right]=\frac{Tz}{\left(z-1\right)^{2}}=\frac{Tz^{-1}}{\left(1-z^{-1}\right)^{2}}$$

$$Z\left[\frac{1}{2}t^{2}\right]=\frac{T^{2}z\left(z+1\right)}{2\left(z-1\right)^{3}}=\frac{\frac{1}{2}T^{2}z-1\left(1+z^{-1}\right)}{\left(1-z^{-1}\right)^{3}}$$

因此其一般形式可写成

$$R\left(z\right)=\frac{A\left(z\right)}{\left(1-z^{-1}\right)^{m}} \tag{3-43}$$

其中，$A(z)$ 为不含 $(1-z^{-1})$ 因子的以 z^{-1} 为变量的多项式。因此，由式（3–40）和式（3–43），误差可表示为

$$E\left(z\right)=\Phi_{e}\left(z\right)\frac{A\left(z\right)}{\left(1-z^{-1}\right)^{m}} \tag{3-44}$$

为了使式（3–44）中的 $E(z)$ 有尽可能少的有限项，就要选择适当的 $\varPhi_{e}(z)$ 。利用 Z 变换的终值定理，稳态误差为

$$\lim_{k\to\infty}E\left(kT\right)=\lim_{z\to1}\left(1-z^{-1}\right)E\left(z\right)=\lim_{z\to1}\left(1-z^{-1}\right)\Phi_{e}\left(z\right)R\left(z\right)=\lim_{z\to1}\left(1-z^{-1}\right)\Phi_{e}\left(z\right)\frac{A\left(z\right)}{\left(1-z^{-1}\right)^{m}}$$

当要求稳态误差为零时，由于 $A(z)$ 中无 $(1-z^{-1})$ 的因子，所以 $\varPhi_{e}(z)$ 必须含有 $(1-z^{-1})^{m}$ ，则 $\varPhi_{e}(z)$ 有下列形式

$$\varPhi_{e}\left(z\right)=\left(1-z^{-1}\right)^{m}F\left(z\right) \tag{3-45}$$

式（3–45）中，$F(z)$ 是在 $z=1$ 处既无极点也无零点的 z^{-1} 的有限多项式，即

$$F(z)=1+f_1z^{-1}+f_2z^{-2}+f_3z^{-3}+\cdots+f_nz^{-n}$$

由式（3–39）及式（3–41）可得

$$C(z)=\Phi(z)R(z)=(1-\Phi_e(z))R(z) \tag{3-46}$$

从式（3–46）可看出，为了满足线性离散系统响应典型输入信号的响应过程在最少拍内结束，从而达到完全跟踪控制信号的要求，必须使系统的闭环脉冲传递函数 $\Phi(z)$ 及误差脉冲传递函数 $\Phi_e(z)$ 中所含的 z^{-1} 项数最少。在式（3–45）中，若取 $F(z)$ =1，便能满足上述要求，则

$$\Phi_e(z)=\left(1-z^{-1}\right)^m \tag{3-47}$$

$$\Phi(z)=1-\left(1-z^{-1}\right)^m \tag{3-48}$$

这便是以无稳态响应误差且在最少拍内结束响应过程从而完全跟踪控制输入为标志的最少拍系统的闭环脉冲传递函数 $\Phi(z)$ 及误差脉冲传递函数 $\Phi_e(z)$ 。其中，幂指数 m 与系统响应输入信号的类型有关，例如响应单位阶跃信号、单位斜坡信号及单位加速度信号时，m 分别取 1、2 及 3。

下面分析最少拍系统响应单位阶跃信号、单位速度信号及单位加速度信号时的情况。

1. 系统输入为单位阶跃信号

当输入为单位阶跃信号时，其 Z 变换为

$$R(z)=\frac{1}{1-z^{-1}}=1+z^{-1}+z^{-2}+z^{-3}+z^{-4}+\cdots$$

取误差脉冲传递函数为 $\Phi_e(z)$ 为

$$\Phi_e(z)=1-z^{-1}$$

则闭环脉冲传递函数 $\Phi(z)$ 为

$$\Phi(z)=z^{-1}$$

误差和输出的 Z 变换分别为

$$E(z)=\Phi_e(z)R(z)=\left(1-z^{-1}\right)\frac{1}{1-z^{-1}}=1$$

$$C(z)=\Phi(z)\cdot R(z)=z^{-1}\frac{1}{1-z^{-1}}=z^{-1}+z^{-2}+z^{-3}+z^{-4}+\cdots$$

因此可得时域误差为

$$e(0)=1,e(1)=e(2)=\cdots=0$$

即在单位阶跃输入时，系统的调整时间为周期只需一拍就可完全跟踪输入信号。

2. 系统输入为单位斜坡信号

输入为单位斜坡信号时 Z 变换为

$$R(z)=\frac{Tz^{-1}}{(1-z^{-1})^2}=Tz^{-1}+2Tz^{-2}+3Tz^{-3}+4Tz^{-4}+\cdots$$

取误差脉冲传递函数 $\Phi_e(z)$ 为

$$\Phi_e(z)=(1-z^{-1})^2$$

则闭环脉冲传递函数 $\Phi(z)$ 为

$$\Phi(z)=2z^{-1}-z^{-2}$$

误差为

$$E(z)=\Phi_e(z)R(z)=(1-z^{-1})^2\frac{Tz^{-1}}{(1-z^{-1})^2}=Tz^{-1}$$

输出的 Z 变换为

$$C(z)=\Phi(z)R(z)=\left(2z^{-1}-z^{-2}\right)\frac{Tz^{-1}}{\left(1-z^{-1}\right)^2}=2Tz^{-2}+3Tz^{-3}+4Tz^{-4}+\cdots$$

此时时域误差为

$$e(0)=0,e(1)=T,e(2)=e(3)=\cdots=0$$

输入单位斜坡信号时，系统的调整时间为 2 个周期，换句话说两拍可完全捕捉输入信号。

3. 系统输入为单位加速度信号

输入单位加速度信号时 Z 变换为

$$R(z)=\frac{\frac{1}{2}T^2z^{-1}\left(1+z^{-1}\right)}{\left(1-z^{-1}\right)^3}=0.5T^2z^{-1}+2T^2z^{-2}+4.5T^2z^{-3}+\cdots$$

当误差脉冲传递函数为 $\Phi_e(z)$ 时有闭环脉冲传递函数为 Φ (z)

$$\Phi_e(z)=\left(1-z^{-1}\right)^3$$

$$\Phi(z)=1-\left(1-z^{-1}\right)^{3}=3z^{-1}-3z^{-2}+z^{-3}$$

误差函数为

$$E(z)=\Phi_e(z)R(z)=\left(1-z^{-1}\right)^{3}\frac{\frac{1}{2}T^{2}z^{-1}\left(1+z^{-1}\right)}{\left(1-z^{-1}\right)^{3}}=\frac{1}{2}T^{2}z^{-1}\left(1+z^{-1}\right)$$

输出的Z变换为

$$C(z)=\Phi(z)R(z)=\left(3z^{-1}-3z^{-2}+z^{-3}\right)\frac{\frac{1}{2}T^{2}z^{-1}\left(1+z^{-1}\right)}{\left(1-z^{-1}\right)^{3}}$$

$$=1.5T^{2}z^{-2}+4.5T^{2}z^{-3}+8T^{2}z^{-4}+\cdots+\frac{n^{2}}{2}T^{2}z^{-n}$$

即输入单位加速度信号时系统的调整时间增加为 3 个周期，同时 3 拍可完全捕捉到输入信号。

输入典型信号时控制系统的闭环传递函数、误差传递函数、调节时间汇总于表 3–4。

表 3–4　最少拍控制系统各参量表

典型输入		闭环脉冲传递函数	误差传递函数	调节时间
$r(t)$	$R(z)$	$\Phi(z)$	$\Phi_e(z)$	t_s
$r(t)=1(t)$	$R(z)=\frac{1}{1-z^{-1}}$	$\Phi(z)=z^{-1}$	$\Phi_e(z)=1-z^{-1}$	T
$r(t)=t$	$R(z)=\frac{Tz^{-1}}{\left(1-z^{-1}\right)^{2}}$	$\Phi(z)=2z^{-1}-z^{-2}$	$\Phi_e(z)=\left(1-z^{-1}\right)^{2}$	2 T
$r(t)=\frac{t^{2}}{2}$	$R(z)=\frac{\frac{1}{2}T^{2}z^{-1}\left(1+z^{-1}\right)}{\left(1-z^{-1}\right)^{3}}$	$\Phi(z)=3z^{-1}-3z^{-2}-z^{-3}$	$\Phi_e(z)=\left(1-z^{-1}\right)^{3}$	3 T

式（3–42）根据表 3–4 可得数字控制器的脉冲传递函数 $D(z)$ 分别为

$$D(z)=\frac{z^{-1}}{1-z^{-1}}\cdot\frac{1}{G(z)}\qquad r(t)=1(t)\tag{3–49}$$

$$D(z)=\frac{2z^{-1}-z^{-2}}{\left(1-z^{-1}\right)^{2}}\cdot\frac{1}{G(z)}\qquad r(t)=t\tag{3–50}$$

$$D(z)=\frac{3z^{-1}-3z^{-2}+z^{-3}}{\left(1-z^{-1}\right)^{3}}\cdot\frac{1}{G(z)}\qquad r(t)=\frac{t^{2}}{2}\tag{3–51}$$

三、最少拍无波纹随动系统数字控制器设计

设计时一般以采样点的误差为 0，或者误差保持常数不变为基础，用 Z 变换来分析讨论设计随动系统的最少拍。但需要注意的是这并不代表取样点间的误差为 0 或者为定值。因为对于最少拍系统采样点的输出响应存在波纹波动，所以这样的系统又可以叫作波纹随动系统。

随动系统输出信号中有多余的波纹，就会对输出结果造成误差，此外随动波纹在系统中的存在还会额外消耗执行机构的能量或驱动功率，这不仅增大了系统的机械磨损，也浪费了能源。因此，对于最小拍系统，它们不应该直接在实际工业中使用。但这类系统在理论分析研究方面是有其实际价值的，因此实际应用中需对其进行改进。

下面分别针对不同的典型输入进行分析。

1. 系统输入为单位阶跃信号

$$R(z)=\frac{1}{1-z^{-1}}\tag{3–52}$$

如果设

$$D(z)\Phi_{e}(z)=a_{0}+a_{1}z^{-1}+a_{2}z^{-2}$$

则

$$\begin{aligned}U(z)&=\frac{a_{0}+a_{1}z^{-1}+a_{2}z^{-2}}{1-z^{-1}}\\&=a_{0}+\left(a_{0}+a_{1}\right)z^{-1}+\left(a_{0}+a_{1}+a_{2}\right)z^{-2}+\left(a_{0}+a_{1}+a_{2}\right)z^{-3}+\cdots\end{aligned}\tag{3–53}$$

由式（3-53）可得

$$U(0)=a_0$$
$$U(1)=a_0+a_1$$
$$U(2)=U(3)=U(4)=\cdots=a_0+a_1+a_2$$

即从第二拍开始 $U(k)$ 就稳定在常数 $a_0+a_1+a_2$ 上。

2. 系统输入为单位斜坡信号

$$R(z)=\frac{Tz^{-1}}{\left(1-z^{-1}\right)^2}$$

仍设

$$D(z)\Phi_e(z)=a_0+a_1z^{-1}+a_2z^{-2}$$

则

$$\begin{aligned}U(z)&=\frac{\left(a_0+a_1z^{-1}+a_2z^{-2}\right)Tz^{-1}}{\left(1-z^{-1}\right)^2}\\&=Ta_0z^{-1}+T\left(2a_0+a_1\right)z^{-2}+T\left(3a_0+2a_1+a_2\right)z^{-3}\\&\quad+T\left(4a_0+3a_1+2a_2\right)z^{-4}+\cdots\end{aligned} \tag{3-54}$$

由式（3-54）可知

$$U(0)=0$$
$$U(1)=Ta_0$$
$$U(2)=T\left(2a_0+a_1\right)$$
$$U(3)=T\left(3a_0+2a_1+a_2\right)=U(2)+T\left(a_0+a_1+a_2\right)$$
$$U(4)=T\left(4a_0+3a_1+2a_2\right)=U(3)+T\left(a_0+a_1+a_2\right)$$

由此可见，当 $k\geqslant 3$ 时，

$$U(k)=U(k-1)+T\left(a_0+a_1+a_2\right)$$

$U(k)$ 按等速规律以常数 $T(a_0+a_1+a_2)$ 为增量增加是从第三拍开始的。

取 3 次来分析是一个特例。由特例到一般，用上述方法取多项分析可得到类似结果，不同的是调节时间也应该相应加长对应周期。

第四节　数字控制器的类别

$D(z)$ 数字控制器可以通过软件或硬件两种载体工具来实现。软件实现需要设计人员自己编写计算机程序，在相应的软件平台中实现计算。硬件实现的具体硬件要求是控制器中要有加法器、乘法器及延时元件等数字电路，从而使控制器能够综合运用这些元件在电路中实现计算。考虑到 $D(z)$ 数字控制器的复杂性，加之系统灵活性要求，运用软件实现计算比较简单且成本低。而用软件计算又可根据程序实现的类别分为直接程序、串行程序和并行程序 3 种方法。

一、直接程序法

直接程序法中一般假设数字控制器具有如下形式：

$$D(z)=\frac{U(z)}{E(z)}=\frac{b_0+b_1z^{-1}+b_2z^{-2}+\cdots+b_mz^{-m}}{1+a_1z^{-1}+a_2z^{-2}+\cdots+a_nz^{-n}}\quad(m\leqslant n)$$

上式可改写成

$$\left(1+a_1z^{-1}+a_2z^{-2}+\cdots+a_nz^{-n}\right)U(z)=\left(b_0+b_1z^{-1}+b_2z^{-2}+\cdots+b_mz^{-m}\right)E(z)$$

将上式等号两边对 z 进行反变换，整理出差分形式为

$$U(k)=\sum_{i=0}^{m}b_iE(k-i)-\sum_{j=1}^{n}a_jU(k-j)\tag{3-55}$$

可直接按式（3–55）编写计算求解 $D(k)$ 的计算机程序。其中 k 、$(k-i)$ 和 $(k-j)$ 分别表示当前采样时刻、与当前采样时刻相距 i 个采样周期和相差 j 个采样周期的过去采样时刻。要实现式（3–55）所示程序，除需当前采样时刻的误差输入 $E(k)$ 外，还需 m 个中间单元存放前 m 次的误差输入和 n 个中间单元存放前 n 次的控制输出值。

二、串行程序法

串行程序法是将数字控制器 $D(z)$ 分解成几个或几类函数串联的方法，通常分解为一阶和二阶脉冲传递函数并以串联的形式连接数字控制器。注意串行程序法实质是迭代程序法。已知数字控制器 $D(z)$ 在零、极点时可将其写成（3–56）所示的形式。

$$
\begin{aligned}
D(z)&=\frac{U(z)}{E(z)}=\frac{k(z+z_1)(z+z_2)\cdots(z+z_m)}{(z+p_1)(z+p_2)\cdots(z+p_n)} \quad (m\leqslant n)\\
&=kD_1(z)D_2(z)\cdots D_1(z) \\
&=k\prod_{i=1}^{l}D_i(z) \qquad (1<l<n)
\end{aligned} \tag{3-56}
$$

显然，如图 3-8 所示，从式（3-56）中可看出 $D(z)$ 是由 $D_1(z)$、$D_2(z)\cdots D_l(z)$ 等 l 个子脉冲传递函数串联组成的 $D_i(z)$，子脉冲传递函数是一阶函数环节或者二阶环节，即上一个环节的输出结果作为下一个环节的输入信号，依次串行进行，最终得到输出 $U(k)$，这样每个单独环节均采用直接程序法。串行程序实现法原理，如图 3-8 所示。

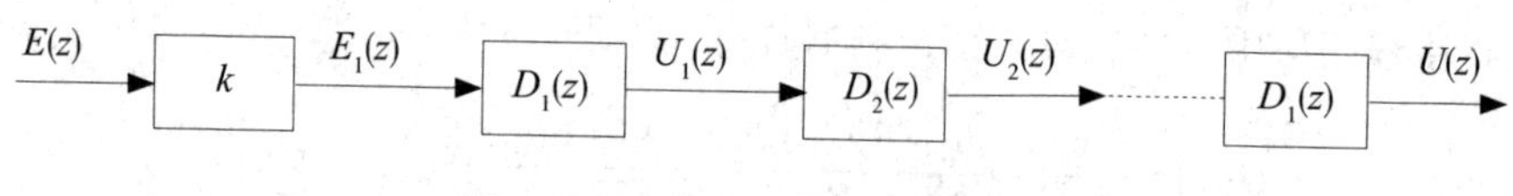

图 3-8　串行程序实现法原理图

三、并行程序法

$D(z)$ 如果是高阶的，那么就需要运用部分分式法来将其分为多个一阶环节或多个二阶环节或二者的组合，然后每个分解的环节运用直接编程法，最后将各个环节并联起来。

将式（3-56）数字控制器 $D(z)$ 的一般形式进行部分分式后得

$$D(z)=\frac{U(z)}{E(z)}=\frac{k_1z^{-1}}{1+p_1z^{-1}}+\frac{k_2z^{-1}}{1+p_2z^{-1}}+\cdots+\frac{k_nz^{-1}}{1+p_nz^{-1}}$$

令

$$D_1(z)=\frac{U_1(z)}{E(z)}=\frac{k_1z^{-1}}{1+p_1z^{-1}}$$

$$D_2(z)=\frac{U_2(z)}{E(z)}=\frac{k_2z^{-1}}{1+p_2z^{-1}}$$

$$\vdots$$

$$D_n(z)=\frac{U_n(z)}{E(z)}=\frac{k_nz^{-1}}{1+p_nz^{-1}}$$

由此得

$$D(z)=D_1(z)+D_2(z)+D_n(z) \tag{3-57}$$

式（3-57）表明，$D(z)$ 是由各子脉冲传递函数 $D_1(z)$、$D_2(z)\cdots D_n(z)$ 并联组成的，其原理框图如图 3-9 所示，其中是一阶或二阶环节。

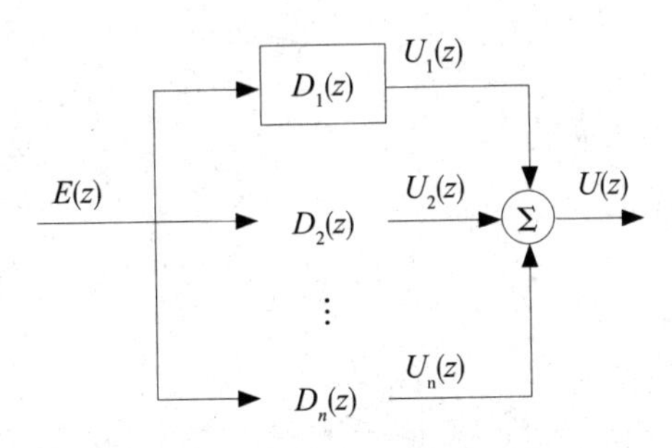

图 3-9　并行程序实现法原理图

第四章 单片机系统配置及片外扩展

第一节 接口技术

单片机作为一种机器设备，其本身并不具备独立自主工作的意识。单片机并不能产生自主的工作命令，单片机的工作命令是操作人员的命令，而要将操作人员的命令传输到计算机必须通过一定的渠道，这个渠道就是人机通道。人机通道系统的设备包括键盘，人们将命令转换为二进制代码，通过键盘传输到计算机，使得计算机能读懂命令进行工作，操作人员通过显示器，检查命令信息，并看到计算机反馈的信息。单片机在应用过程中包括简单应用和复杂领域应用。对于简单的应用领域，由于单片机本身就是一个简单的通用微型计算机，它本身就能完成系统性指令，完成操作人员要求的工作指令。对于复杂的测控系统，单片机本身并不能独立地完成操作指令，这就需要扩展外围电路，增加其功能性，达到满足特定应用的工作要求，因此就需要各种接口技术。

一、显示器接口技术

在单片机应用系统中，为了便于观察和监视系统运行情况，经常需要用显示器显示输入信息、中间信息、运行状态及运行结果等数据。目前常用的显示器件有发光二极管显示器（LED）和液晶显示器（LCD）两种。这两种器件都具有成本低廉、配置灵活、与单片机接口方便的特点，而且随着 LCD 价格的逐渐降低，LCD 也越来越受到人们青睐。

1. LED 显示接口技术

LED 显示器主要是指由发光二极管组成的数码管显示器或 LED 点阵显示模块。LED 数码管由 8 个发光二极管组成，可用来显示 0 ~ 9 的数字、A、b、C、d、E、F、H 等字符及小数点，其字形码见表 4-1。根据公共端的接法不同，LED 数码管分为共阳极和共阴极两种类型。

在使用时，当某发光二校管的阳极接高电平而阴极接低电平时，它就点亮。由于 LED 显示器的工作电流通常为 5 ~ 15mA、工作电压为 1.5 ~ 2.5V，因此使用时需加驱动及限流电阻，限流电阻的值还可以控制其发光亮度。LED 数码管显示器与单片机的接口电路比较简单，一般不需要外接辅助电路，显示编程也比较容易。根据显示方式不同，LED 显示有静态显示和动态显示之分。

表 4–1　8 段 LED 数码显示管字形码

字母或数字	代码（十六进制）		字母或数字	代码（十六进制）	
	共阴极	共阳极		共阴极	共阳极
A	77	88	r	50	AF
b	7C	83	V	3E	C1
C	39	C6	u	1C	E3
c	58	A7	y	66	99
d	5E	A1	0	3F	C0
E	79	86	1	06	F9
F	71	8E	2	5B	A4
H	76	89	3	4F	B0
h	74	8B	4	66	99
I	06	P9	5	6D	92
J	1E	E1	6	7D	82
L	38	C1	7	07	F8
n	54	AB	8	7F	80
0	3F	E0	9	6F	90
0	5C	A3	–	40	BF
P	73	8C	9	53	AC
•	80	7F	空格	00	FF

LED 显示方式有静态显示与动态显示两种。

静态显示方式是指在工作过程中加在每一个 LED 显示器上的信号始终同时存在，各显示块相互独立，而且各位的显示字符一旦确定，加在每一块显示器上的信号就维持不变，直到显示另一个字符为止。对每一位 LED 显示器，都必须有与之对应的锁存器，以保证在一次显示过程中加在 LED 数码管上的信号保持不变。因此，采用静态显示方式，需占用较多的硬件资源，但它由于占用机时少、编程简单、显示可靠的优点，在工业过程控制中得到了广泛应用。

在实际应用中，常采用 MC14495、CD4511、7447 等译码驱动芯片作为 LED 静态显示接口，下面以 MC14495 为例进行说明。MC14495 由 4 位锁存器、译码器、ROM 阵列及带有限流电阻的驱动电路（限流电阻为 290Ω）组成，它可与 LED 显示器直接相连，不用再外接限流电阻。

由于采用静态显示方式，显示系统需占用较多的硬件资源。因此，在显示位数较多的情况下，往往采用动态显示方式。在动态显示方式中，每个 LED 数码管都对应一根位选线，但所有 LED 数码管共用一根段码数据线。当 CPU 要将字符送显示时，其将段码送到由位选线选通的对应显示块上，将该显示块点亮，从而显示出待显字符；当要在另一位显示另一个字符时，CPU 会将新的段码送到数据线上，选通对应的位选线，使其显示出另一个字符。这样，CPU 分时选通和显示各位 LED 数码管，利用人眼视觉残留现象及显示器余辉效应，在总体的视觉效果上，各位显示器都能连续而稳定地显示不同的字符。

2. LCD 显示器接口技术

LCD 显示是一种新型的显示技术，它是利用液晶材料的电光效应（如加电引起光学特性变化）的显示器。液晶本身不发光，其靠电信号控制环境光在显示部位反射（或透射）而显示。液晶显示具有很多独到的优异特性，如低压、微功耗、平板型结构、被动型显示、易于彩色化和长寿命等，其已经越来越多被应用到各个领域，从智能化仪器仪表、计算机到家用电器都可以看到液晶显示的身影。

液晶显示器通常把驱动电路集成在一起，形成液晶显示模块，用户可以不必了解驱动器与显示器是如何连接的，使用时只需按照一定的要求向显示模块发命令和写数据即可。下面以 OCMJ4X8 中文显示模块为例说明 LCD 的应用。OCMJ 系列中文液晶显示模块可以实现汉字、ASCII 码、点阵图形和变化曲线的同屏显示，并可通过字节点阵图形方式造字。

（1）引脚功能

OCMJ4X8 中文显示模块最多可显示 4 行，每行 8 个（16×16 点阵）汉字，其外形结构如图 4-1 所示，各引脚说明如下。

1 脚：LED-，背光源负极，接信号地。

2 脚：LED+，背光源正极，接 +5V。

3 脚：V_{SS}，信号地。

4 脚：V_{DD}，工作电源端，接 +5V。

5 ~ 12 脚：DB0 ~ DB7，8 位数据信号端。

13 脚：BUSY，应答信号，高电平表示已收到数据并正在处理中；低电平表示模块空闲，可接收数据。

14 脚：RSQ，请求信号，高电平有效。

15 脚：RES，复位信号，低电平有效。

16 脚：NC，空脚。

17 脚：RT1，LCD 灰度调整，外接电阻端。

18 脚：RT2，LCD 灰度调整，外接电阻端。

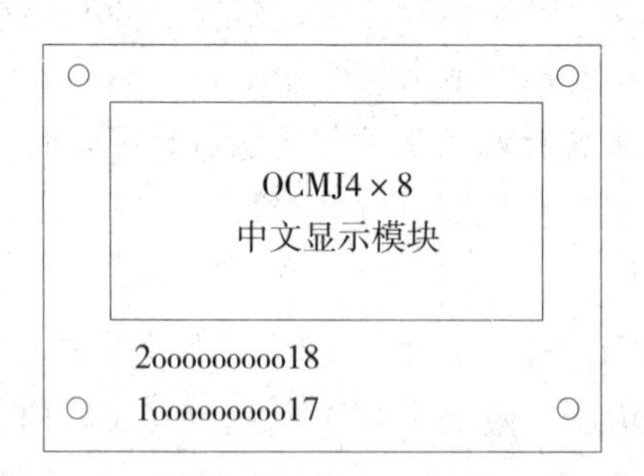

图 4-1 OCMJ4×8 中文显示模块的外形结构

（2）常用命令

用户通过 13 条命令可调用 OCMJ 系列液晶显示器的各种功能。命令分为操作码及操作数两部分，操作数为十六进制，下面列举 10 条常用的命令。

①显示国标汉字，命令格式为 F0XXYYQQWW。

XX：以汉字为单位的屏幕行坐标值，取值范围为 02H 到 09H。

YY：以汉字为单位的屏幕列坐标值，取值范围为 00H 到 03H。

QQWW：坐标位置上要显示的 GB2312 汉字区位码。

②显示 8x8ASCII 字符，命令格式为 FIXXYYAS。

XX：以 ASCII 码为单位的屏幕行坐标值，取值范围为 04H 到 13H。

YY：以 ASCII 码为单位的屏幕列坐标值，取值范围为 00H 到 3FH。

AS：坐标位置上要显示的 ASCII 字符码。

③显示 8X16 ASCII 字符，命令格式为 F9XXYYAS。

XX：以 ASCII 码为单位的屏幕行坐标值，取值范围为 04H 到 13H。

YY：以 ASCII 码为单位的屏幕列坐标值，取值范围为 00H 到 3FH。

AS：坐标位置上要显示的 ASCII 字符码。

④显示位点阵，命令格式为 F2XXYY。

XX：以 1×1 点阵为单位的屏幕行坐标值，取值范围为 20H 到 9FH。

YY：以 1×1 点阵为单位的屏幕列坐标值，取值范围为 00H 到 3FH。

⑤显示字节点阵，命令格式为 F3XXYYBT。

XX：以 1×8 点阵为单位的屏幕行坐标值，取值范围为 04H 到 13H。

YY：以 1×1 点阵为单位的屏幕列坐标值，取值范围为 00H 到 3FH

BT：字节像素值，0 显示白点，1 显示黑点（显示字节为横向）。

⑥清屏，命令格式为 F4，其功能为将屏幕清空。

⑦上移，命令格式为 F5，其功能为将屏幕向上移动一个点阵行。

⑧下移，命令格式为 F6，其功能为将屏幕向下移动一个点阵行。

⑨左移，命令格式为 F7，其功能为将屏幕向左移动一个点阵列。

⑩右移，命令格式为 F8，其功能为将屏幕向右移动一个点阵列。

二、键盘接口技术

键盘的功能是进行二进制代码指令传输，操作人员将特定命令的二进制代码传输到计算机，单片机的中央控制器识别出这些二进制代码后，将其转换为特定的指令，从而有序稳定地协调单片机各部件进行工作。键盘可分为编码键盘和非编码键盘两种。编码键盘能够由硬件逻辑自动提供与被按键对应的编码。非编码键盘只能简单地提供行和列矩阵，其他工作都靠软件来完成。由于其经济实用，目前在单片机应用系统中多采用这种键盘。本节将着重介绍非编码键盘接口。

1. 键盘的基本工作原理

最简单的非编码键盘是如图 4-2 所示的独立式键盘，每个键对应 I/O 端口的一位。当任一键按下时，与之相连的输入数据线即被置为低电平，而平时该线为高电平。这时，CPU 只要检测到某位为“0”，便可判断出对应键值。这种键盘结构的优点是简单，缺点是键数较多时，要占用较多的 I/O 线。

通常使用的键盘是结构式矩阵式的，图 4-3 所示为 44 键盘。设当 3 号键被按下时，则第 0 行和第 3 列接通而形成通路，如果第 0 行接低电平，则第 3 列也输出低电平。矩阵式键盘工作时，就是按照行线和列线上的电平来识别闭合键的。

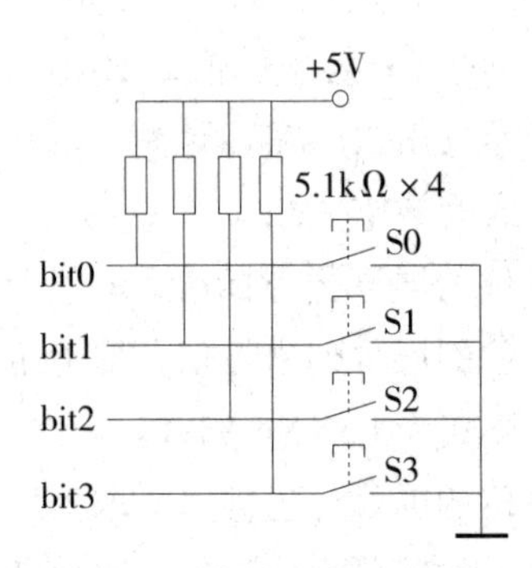

图 4-2　键盘的独立式结构

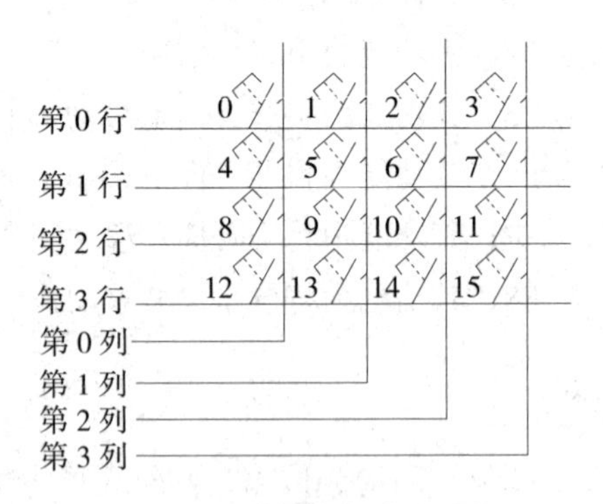

图 4-3　键盘的矩阵式结构

2. 键盘设计需解决的问题

（1）检测是否有键按下

由于键的闭合与否，取决于机械弹性开关的通、断状态，反映在电压上就是呈现出高电平或低电平，所以通过电平状态检测，便可确定相应按键是否已被按下。通常检测按键是否已被按下的方法有 3 种。

①程序控制扫描方式。这种方式就是只有当单片机空闲时，才调用键盘扫描子程序，检测键盘是否有输入。

②定时扫描方式，即每隔一定的时间对键盘扫描一次。这种扫描方式通常利用单片机内的定时器产生定时中断，用以检测键盘是否有输入。

③中断扫描方式。这种方式就是当键盘有键按下时产生中断请求，CPU 响应中断后，才执行键盘扫描程序，然后对按键进行处理。这种方法使 CPU 的工作效率大大提高。

（2）按键防抖动技术

由于机械触点的弹性作用，按键在闭合及断开的瞬间必然伴有一连串抖动。抖动过程的长短由按键的机械特性所决定，一般为 10 ~ 20ms。按键的抖动通常有硬件和软件两种消除方法：当键数较少时，可采用硬件消抖方法；当键数较多时，常用软件进行消抖，即当第一次检测有键按下时，调用一个 15ms 左右的延时子程序，而后再确认该键电平是否仍维持闭合状态电平，若保持闭合状态电平，则确认此键按下，从而消除抖动影响。

（3）若有键按下，就判定键值

为了识别键盘上的闭合键，通常采用两种方法，键盘结构说明如下。

①行扫描法。先使第 0 行输出为低，其余行输出为高，并将行首键号“0”存储在某个寄存器中，然后读入列值，看是否有哪条列线输入为低。如果有，则表示第 0 行的该列键被按下，比如该列为第 3 列，则键值 = 行首键号 + 列号，即键值为 3；若没有，则说明第 0 行上没有键按下，则扫描下一行，并同时存储行首键号。以此类推，循环进行直到找到闭合键为止。

②行反转法。首先行线输出全“0”，读列线的值，如果此时有某一个键按下，则必定会使某一列线值为“0”，设列线值为“0111”，即第 3 列。然后将列线读到的值直接输出，读行线的值，设行线值为“1110”。组合结果为“01111110”，即可判断闭合键为第 0 行第 3 列，对应键值为 3。在程序设计时，可将各个键对应的代码存放在一个表中，程序员通过查表来确定键值。

（4）重建与连击处理

在实际按键操作中，若操作人员无意中同时或先后按下两个以上的键，系统确认哪个键操作是有效的，是由设计者编程决定的。如果系统没有设复合键，则可视按下时间最长者为有效键，或认为最先按下的键为当前按键，也可以将最后释放的键看成是输入键。不过，通常情况总是采用单键按下有效、多键同时按下无效的原则。

有时，由于操作人员按键动作不够熟练，会使一次按键时间过长产生多次击键的效果，即重键的情形。为了排除重键的影响，编制程序时，可以将键的释放作为按键的结束，即不管一次按键持续的时间有多长，仅采用一个数据，以防止一次击键多次执行的错误发生。

三、串行通信接口技术

MCS–51 内部的串行口，大大扩展了 MCS–51 的应用范围。利用串行口可以实现 MCS–51 之间的点对点串行通信和多机通信，还有 MCS–51 与计算机间的单机或多机通信。MCS–51 串行口的输入、输出均为 TTL 电平。这种以 TTL 电平串行传输数据的方式，抗干扰性能差，传输距离短。为了提高串行通信的可靠性，增大串行通信距离，一般都采用标准串行接口，如 RS–232、RS422A、RS485 等标准来实现串行通信。

RS–232 是由美国电子工业协会（EIA）于 1962 年制定的标准，是在异步串行通信中应用最广的标准串行接口（RS–232C 是 1969 年修订的版本，C 表示此标准已修改至第 3 版）。RS 是“Recommended Standard”的缩写，意为推荐标准，至 1997 年已修订至 RS–232F，由于改动不大，人们还是习惯称此类接口为“RS–232C”。RS–232C 适用于短距离或带调制解调器的串行通信场合。为了提高串行数据传输率和通信距离及抗干扰能力，EIA 又公布了 RS422、RS423 和 RS485 串行总线接口标准。

1. RS–232C 接口

RS–232C 异步串行通信接口标准是用来实现计算机与计算机之间、计算机与外设之间的数据通信。它定义了数据终端设备（DTE）和数据通信设备（DCE）之间的串行接口标准，主要包括了有关串行数据传输的电气和机械方面的规定。

（1）机械特性

目前，计算机都配有标准的 RS–232C 接口，RS–232C 标准规定了 25 针连接器的有关准则，但在实际应用中并不一定用到 RS–232C 的全部信号线，目前大多数计算机中只用了其中的 9 条线（9 针“D”型连接插座）。这 9 条信号线，按在通信过程中所起的作用分为数据收发线、联络控制线和地线 3 组。数据收发线包括 RXD 和 TXD，是数据传送时不可缺少的部分。地线是第 5 号引脚，其余为联络控制线。表 4–2 给出了 9 芯的接口信号定义及其与 25 芯接口对应关系。

表 4-2　9 芯的接口信号定义及其与 25 芯接口对应关系

9 芯引脚序号	25 芯引脚信号序号	信号名称	信号功能
1	8	DCD	接收信号检出（载波检测）
2	3	RXD	接收数据（串行输入）
3	2	TXD	发送数据（串行输出）
4	20	DTR	数据终端就绪
5	7	SGND	信号接地
6	6	DSR	数据装置就绪
7	4	RTS	请求发送
8	5	CTS	清除发送（允许发送）
9	—	RI	振铃指示

（2）电气特性

RS-232C 上传送的数字量采用负逻辑，且与地对称。

逻辑 1：-3 ~ -15 V。

逻辑 0：+3 ~ +15 V。

-3 ~ +3 V 为过渡区，逻辑状态不定，为无效电平。

RS-232C 接口标准是单端收发，即采用公共地线的方式（多根信号线共地）。这种方式的缺点是不能区分由驱动电路产生的有用信号和外部引入的干扰信号，抗共模干扰能力差。另外，如果两地之间存在电位差，将会导致传输错误。因此，其传输速率低（小于 115.2kbps）、传输距离短（小于 15m），即使有较好的线路器件、优良的信号质量，电缆长度也不会超过 60m。

（3）电平转换

由于 TTL 电平和 RS-232C 电平互不兼容，所以两者对接时，必须进行电平转换。RS-232C 与 TTL 电平转换最常用的芯片是 MC1488、MC1489 和 MAX232 等，各厂商生产的此类芯片虽然不同，但原理相似。以美国 MAXIM 公司的产品 MAX232 为例，它是包含两路接收器和驱动器的 IC 芯片。

由于芯片内部有自升压的电平倍增电路，可以将 +5V 转换成 -10~+10V，以满足 RS-232C 标准对逻辑 1 和逻辑 0 的电平要求。因此，其工作时仅需单一的 +5V

电源。其片内有两个发送器、两个接收器，有 TTL 信号输入 /RS–232C 输出功能，也有 RS–232C 输入 /TTL 信号输出功能。该芯片与 TTiy CMOS 电平兼容，因此使用比较方便。

（4）典型应用

①双机串行异步通信。

两台 MCS–51 单片机可以很容易通过串口实现异步通信。根据两台单片机的距离，可采用不同的电平标准实现正常通信。若两台单片机在 1.5m 以内，可以直接连接，即用 TTL 电平通信；当传输距离小于 15m 时，用 RS–232C 总线直接连接系统，在最简单的全双工系统中，仅用 TXD、RXD 和 GND 3 根线即可，如图 4–4 所示。当传输距离超过 15m 时，可以选用其他串行通信标准。若要采用 RS–232C 标准，就需要添加调制解调器（Modem）。

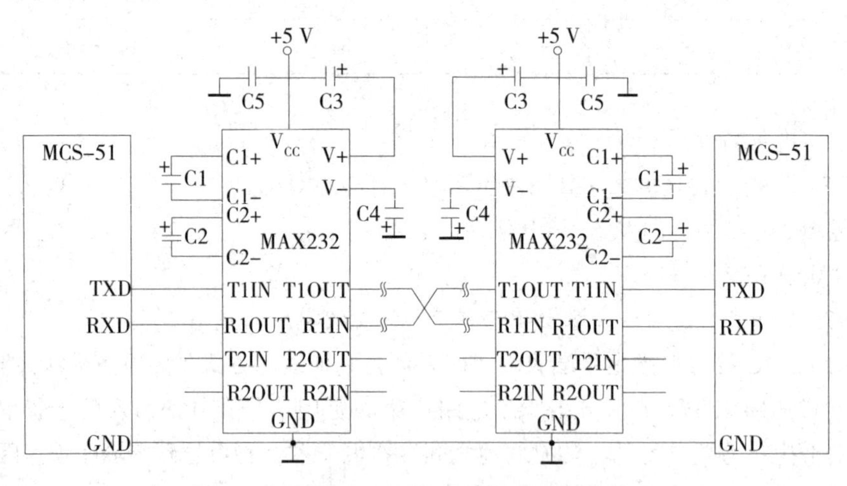

图 4–4　利用 MAX232 的双机串行通信接口

②单片机与计算机双机串行异步通信。

在实际应用系统中，有时需要在 PC 和单片机之间进行异步通信以构成计算机监控系统。一般的计算机提供了两个 RS–232 标准的串口 COM1、COM2，由于单片机采用 TTL 电平，因此在实现计算机与单片机之间的串行通信时，需进行电平转换。图 4–5 所示是利用 MAX232 实现计算机与单片机串行通信接口电路。

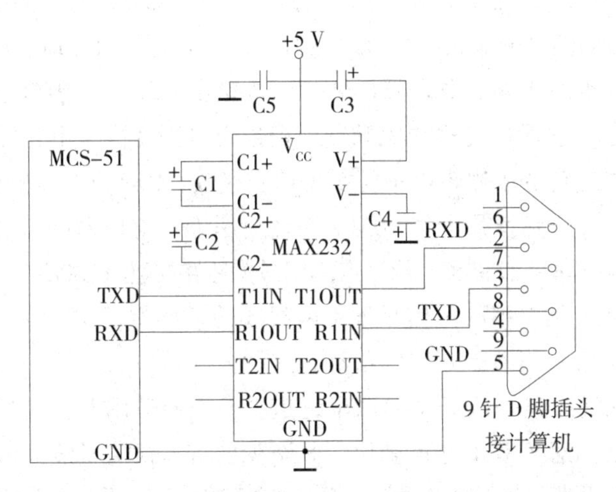

图 4-5　利用 MAX232 实现计算机与单片机串行通信接口电路

在设计通信软件时，首先要分别对各自的串口进行初始化，确定串口的工作方式、波特率及数据位等。通信开始时由计算机发出一个握手信号，同时做好接收单片机发来的信号的准备；单片机接收到握手信号后响应，确认握手信号是否正确，并向 PC 发送响应信号，做好与计算机通信的准备。关于单片机串行通信程序。计算机通信程序可采用如下两种方法。

第一种方法是在 Windows 环境下，利用可视化开发环境 VB、VC 等的 Mscomm 通信控件进行软件设计。Mscomm 控件提供了功能完善的串口数据发送和接收功能，使用时只需对串口进行简单配置即可。

第二种方法是可采用专门的调试软件，如串口调试助手软件，该软件支持常用的 110 ~ 115200 bps，能设置校验位、数据位和停止位，能以 ASCII 码或十六进制码接收或发送任何数据或字符（包括中文），可以任意设定自动发送周期，并能将接收数据保存成文本文件，能发送任意大小的文本文件。

以上两种方法的具体使用可查阅相关技术资料。

2. RS422 接口

RS-232C 虽然应用广泛，但其推出较早，在现代网络通信中已暴露出明显的缺点，如传输速率低、通信距离短、接口处信号容易产生串扰等。鉴于此，EIA 又制定了 RS422A（以后简称 RS422）标准。RS-232C 既是一种电气标准，又是一种物理接口标准，而 RS422 仅仅是一种电气标准，是为改善 RS-232C 标准的电气特性，又考虑与 RS-232C 兼容而制定的。RS422 与 RS-232C 的主要不同在于 RS422 把单端输入改为双端差分输入，信号地不再公用，双方的信号地也不再接在一起。

RS422 规定了对电缆、驱动器的要求，规定了双端电气接口形式，其标准是双绞线传送信号。它通过传输线驱动器，把逻辑电平变换成电位差；通过传输线接收器，将电位差转变成逻辑电平，实现信号接收。RS422 比 RS-232C 传输信号距离长、速度快，传输率最大为 10M。在此速率下，电缆允许长度为 12m。如果采用较低的传输速率，如 90K，传输点之间最大距离可达 1200m。

RS422 每个通道要用两根信号线（两根线的极性相反），通常在接收端对这两根线上的电压信号相减得到实际信号，这种方式可以有效减小共模干扰，提高通信距离。RS422 线路一般都需要两个通道，发送通道用两根信号线，接收通道也用两根信号线。对于双工通信来说，其至少要有 4 根信号线。由于接收器采用高输入阻抗和发送器具有比 RS-232C 更强的驱动能力，所以允许在相同传输线上连接多个接收节点，最多可接 10 个节点，即一个主设备，其余为从设备，从设备之间不能通信。因此，RS422 支持点对多的双向通信。该标准允许驱动器输出为 -6V ~ +6V，接收器可以检测到的输入信号电平可低至 200mV。

3. RS485 接口

RS485 是 RS422 的变形，它与 RS422 的区别在于，RS422 为全双工，采用两对平衡差分信号线，使线路成本增加，而 HS485 为半双工，收发双方共用一对线进行通信，即采用一对平衡差分信号线。RS485 标准允许最多并联 32 台驱动器和 32 台接收器，对于多站互连是十分方便的。在许多工业应用领域，RS485 接口可以用来组建低成本网络。RS485 也可采用四线连接，即全双工方式。其与 RS422 一样只能实现点对多通信，即只能有一个主设备，其余为从设备，但它比 RS422 有改进，无论是四线还是二线连接方式，其总线上最多可接 32 个设备。

（1）RS-232C、RS422 与 RS485 的性能比较

RS-232C、RS422 与 RS485 的性能比较见表 4-3。

表 4-3 RS-232C、RS422 与 RS485 的性能比较

接口方式	RS-232C	RS422	RS485
操作方式	单端	差动方式	差动方式
最大距离	15m（20K）	1200m（90K）	1200m（100K）

续　表

接口方式	RS-232C	RS422	RS485
最大速率	115. 2K	10M	10M
最大驱动器数目	1	1	32
最大接收器数目	1	10	32
接收灵敏度	± 3 V	± 200 mV	± 200 mV
驱动器输出阻抗	300 Ω	60 kΩ	120 kΩ
接收器负载阻抗	3 ~ 7 kΩ	>4 kΩ	>12kΩ
负载阻抗	3 ~ 7 kΩ	100Ω	60Ω
对公共点的电压范围 /V	± 25	-0. 26 ~ + 6	-7 ~ +12

（2）电平转换

RS485 与 TTL 电平转换驱动芯片有全双工通信和半双工通信两种。半双工通信芯片有 SN75176、SN751276、SN75LB184、MAX481、MAX483、MAX485、MAX487 和 MAX1487 等。全双工通信芯片有 SN75179、SN75180、MAX488 ~ MAX491 和 MAX1482 等。下面以 MAX485 芯片为例进行介绍。

MAX485 芯片内部含有一个驱动器和接收器，采用半双工通信方式，用来完成将 TTL 电平与 RS485 电平相互转换的功能。

其 RO 端和 DI 端分别为接收器的输出与驱动器的输入端，与单片机连接时只需分别与单片机的 RXD 和 TXD 相连即可；RE 端和 DE 端分别为接收和发送的使能端，因为 MAX485 工作在半双工状态，所以只需用单片机的一个引脚控制这两个引脚即可；A 端和 B 端分别为接收与发送的差分信号端，在与单片机连接时同时将 A 端和 B 端之间加匹配电阻，吸收总线上的反射信号，保证信号传输无毛刺，一般可选 120Ω 的电阻。

（3）典型应用

在分布式控制系统和工业局部网络中，传输距离常介于近距离（<20m）和远距离（>2km）之间，这时 RS-232C 标准不能采用，用 Modem 又不经济，因而需要选用新的串行通信接口标准，如 RS485。

图 4-6 所示为 MCS-51 单片机使用 MAX485 构成的 RS485 半双工点对点通信

接口电路，该电路采用主从通信方式，即从机不主动发送信息，只被动等待主机指令。单片机的 TXD、RXD 分别连接到 MAX485 的 DI 端和 RO 端，P1.0 控制发送和接收使能。通信开始，从机一直处于接收状态，待接收到主机的传送数据指令后，才转为发送态，同时主机转为接收态。

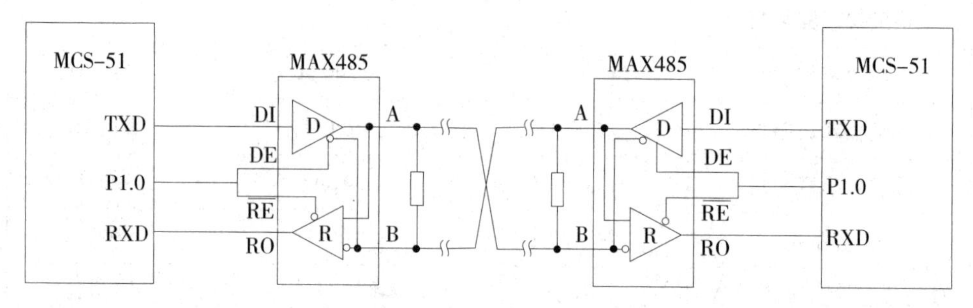

图 4-6　使用 MAX485 构成的 RS485 半双工点对点通信接口电路

若要构成 RS485 全双工通信电路，可用 MAX488 替换 MAX485，此时电路不需要应答，可同时接收和发送。当计算机需要通过 RS485 标准与单片机进行通信时，由于普通的计算机不带 RS485 接口，因此要使用 RS-232C/RS485 转换器，如联脉（Link-Max）公司研制的 S485、M485、U485 系列转换器，将单端的 RS-232 信号转换为平衡差分的 RS422 或 RSW85 信号。对于单片机，可以通过芯片 MAX485 来完成 RS485 的电平转换。

第二节　扩展数据存储器

存储器主要用来保存程序、数据和作为运算缓冲器。在 MCS-51 内部虽然设置了一定容量的存储器，但这些存储器的容量一般都比较小，远远不能满足实际系统的应用需要，因此需要扩展外部存储器，包括程序存储器和数据存储器。本节将着重讨论如何扩展外部程序存储器和数据存储器。

一、存储器扩展中应考虑的问题

在 MCS-51 系统中，CPU 对存储器进行访问时，首先要在地址总线上给出地址信号，选择要进行数据交换的存储单元，然后通过控制总线发出相应的读或

写控制信号，最后在数据总线上进行信息交换。因此，存储器的扩展主要包括地址线连接、数据线连接和控制线连接。在连接过程中应考虑以下几个问题。

1. 选取存储器芯片的原则

单片机对存储器地扩展包括程序和数据存储器地扩展。程序存储器主要用于存储一些固定程序和常数，以便系统一开机便可按照预定程序工作。常用的程序存储器有掩模 ROM、PROM 和 EPROM 3 种类型。若单片机系统是小批量生产或研制中的产品，则建议采用 EPROM 芯片，以方便系统程序的调试修改；若系统为定型的大批量产品，则应采用掩模 ROM 或 PROM，以降低生产成本，并提高系统可靠性。

数据存储器主要用来存放实时数据及运算的中间和最终结果。数据存储器按照存储信息的工作原理可分为静态 RAM 和动态 RAM 两种类型。若单片机系统所需 RAM 的容量较小，则宜采用静态 RAM，以简化硬件电路设计；若所需 RAM 的容量较大，则应采用动态 RAM，以降低生产成本。

2. 工作速度的匹配

MCS–51 对外部存储器进行读写所需要的时间称为 CPU 的访存时间，即它向外部存储器发出地址码和读写信号到读出数据或保持写入数据所需的时间。存储器的最大存取时间就是存储器的固有时间，只与存储器硬件有关。为了使 MCS–51 与存储器能同步而可靠地工作，必须使 CPU 的访存时间大于外部存储器的最大存取时间，设计人员在选择存储器芯片时必须对此加以注意。

3. 片选信号和地址分配

在确定外部 RAM 和 ROM 容量与存储器芯片的型号和数量以后，我们还必须解决存储器的编址问题。MCS–51 单片机的地址总线的位数为 16 位，可扩展存储器的最大容量为 64KB。在实际应用系统中，每个芯片都会分配一定的地址空间，这些地址空间被分配的位置由片选信号来决定。若所分配的存储器的地址范围不同，则地址总线与地址译码器的连接方式也不同。

4. 地址译码方式

为了便于分析，我们把单片机的地址线划分为片内地址线和片选地址线两部分。片内地址线为单片机可以直接（或通过外部地址锁存器）和所选存储器芯片连接的那部分地址线；片选地址线为除片内地址线以外的其余地址线。按照片选地址线的不同连接方式，可将地址译码方式分为全译码、部分译码和线选法译码 3 种方式。

（1）全译码

全译码是指所有的片选地址线都参与译码的工作方式。在这种译码方式下，存储单元和地址是一一对应的关系，不存在地址重叠现象，其缺点是译码电路相对复杂，尤其是在单片机寻址能力较大和采用存储芯片容量较小时更为严重。

（2）部分译码

部分译码是指只有一部分片选地址线参与译码，而其余片选地址线悬空的地址译码方式。在这种译码方式下，参加译码的地址线对于选中某一存储器芯片有一个确定的状态，而与不参加译码的地址线无关。因此，部分译码方式下存储器的地址空间有重叠现象。采用这种译码方式的优点是地址译码电路比较简单，缺点是内存单元的地址不唯一。我们在使用时通常将程序和数据放在基本地址范围内（即悬空的片选地址线全为低电平时的地址范围），以避免因地址重叠引起程序运行错误。

（3）线选法译码

线选法译码是指片选地址线和存储器芯片的芯片选择信号直接相连的工作方式。采用这种地址译码方式时，若没有悬空的片选地址线，则存储单元地址是唯一的，无重叠现象；若除了参与译码的片选线，还有悬空的片选地址线，则地址就会产生重叠。

全译码与部分译码统称为译码法，与线选法相比，其硬件电路略为复杂，需要使用译码器，但可充分利用存储空间，这几种地址译码方式在单片机扩展系统中都有应用。

二、存储器的并行扩展

1. 程序存储器的扩展

MCS-51 的程序存储器空间、数据存储器空间是相互独立的。程序存储器寻址空间为 64KB（0000H ~ FFFFH），其中 8031 无片内 ROM，8051、8751 片内包含有 4KB 的 ROM 或 EPROM。当使用 8031 或片内 ROM 容量不够时，就需要扩展程序存储器，通常利用外接 EPROM 芯片的方法扩展程序存储器。

MCS-51 和程序存储器扩展相关的控制信号有两个：地址锁存控制信号 ALE 和外部程序存储器读控制信号 $\overline{\text{PSEN}}$。ALE 用作低 8 位地址锁存器的选通脉冲，以便把 P0 口分时提供的 A0 ~ A7 锁存起来。$\overline{\text{PSEN}}$ 为外部程序存储器的读控制命令，用于实现外部程序存储器读出操作。

外部程序存储器一般可以选用 EPROM、E2PROM，如 2764（8KB×8 位）、27128（16KB×8 位）及 2817（2KB×8 位）、2864（8KB×8 位）等。这些 ROM 与单片机的连接仅在高位地址总线位数上有些微小差别，作为低 8 位地址锁存用的锁存器一般选用 74LS373。

（1）MCS-51 与 EPROM 连接

8031 和两片 27128 的连接图如图 4-7 所示。由于 27128 的存储容量为 16KB，即有 14 根地址线和 8 根数据线。因此，8031 的 P2.5 ~ P2.0 和经过锁存后的 P0.7 ~ P0.0 作为片内地址线直接与两片 27128 的地址线 A13 ~ A0 并连，P0.7 ~ P0.0 作为数据线也和两片 27128 的数据线并连。P2.7 和 P2.6 作为片选地址线对芯片进行选择，这里利用 74LS139 进行全译码工作。8031 的 $\overline{PSEN}$ 和两片 27128 的 $\overline{OE}$ 相接，以便 CPU 寻址或执行 MOVC 指令时产生低电平而选中 27128 工作。

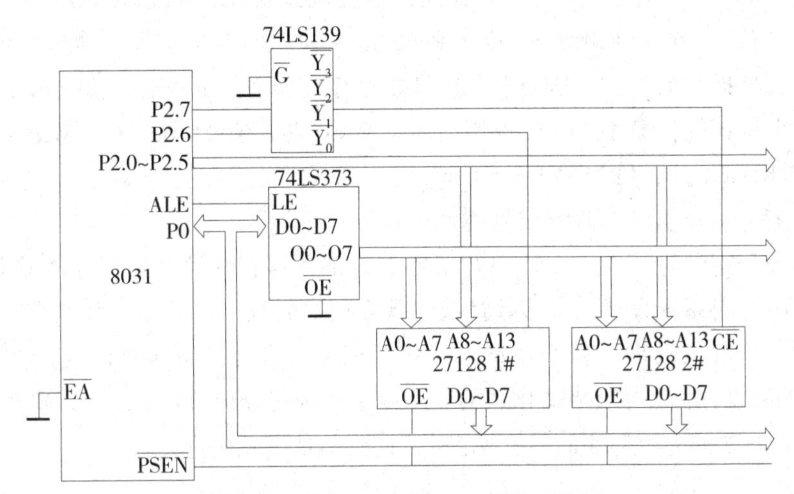

图 4-7　8031 和两片 27128 的连接图

根据地址范围定义（在片选地址线不变的条件下，所有的片内地址线从全“0”变到全“1”时的地址空间），我们可以看出所有的片选地址线都参与了地址译码，没有悬空的片选地址线，因此内存单元和地址是一一对应的，不存在地址重叠。

（2）MCS-51 对 E2PROM 连接

E2PROM 是带电可擦除可编程只读存储器，其在保留 EPROM 掉电信息不丢失的特征外，还具备在线更新所存信息的功能。2864A 是容量为 8KB 的 E2PROM 芯片，具有字节写入和页面写入两种写入方式。页面写入主要是为了提高写入速度而安排的。2864A完成一个页面写入的时间与完成一个字节写入的时间相差不多，但页面写入需要按2864A芯片要求进行。芯片详细资料可查阅相关文献。

2. 数据存储器扩展

MCS–51单片机内部有128B的RAM存储器，主要用作工作寄存器、堆栈和数据缓冲器。在单片机用于实时数据采集和处理时，仅靠片内提供的128B的数据存储器是不够的，还必须扩展外部数据存储器，以满足系统需求。

MCS–51扩展外部数据存储器所用的地址总线、数据总线与外部扩展程序存储器时相同，只有读写控制线是不同的。MCS–51与数据存储器扩展相关的控制信号有两个，它们分别是由P3.7和P3.6提供的$\overline{RD}$、$\overline{WR}$控制信号，用于实现对外部数据存储器的读写操作。

外部数据存储器有静态RAM和动态RAM两种。静态RAM工作速度快，与微处理器接口简单，但是成本比较高，功耗大。常用的静态RAM芯片有6116（2KB×8位）、6264（8KB×8位）和62256（32KB×8位）等。动态RAM具有成本低、功耗小的优点，适用于大容量数据存储器空间的场合，但是需要刷新电路，以保持数据信息不丢失。常用的动态RAM芯片有2186/2187（8KB×8位）、2114（1KB×4位）和2164（64KB×1位）等。

3. 程序存储器和数据存储器同时扩展

前面分别讨论了MCS–51单片机扩展外部程序存储器和数据存储器的方法，但在实际应用系统设计中，多数情况下既需要扩展程序存储器，又需要扩展数据存储器。这时，数据总线和地址总线是共用的，设计人员设计时要适当把外部64KB的数据存储器空间和64KB的程序存储器空间分配给各个芯片，使程序存储器的各芯片之间、数据存储器的各芯片之间的地址不发生重叠。

三、存储器串行扩展

串行扩展总线技术是新型单片机技术发展的一个显著特点。串行总线扩展接线灵活，很容易形成用户的模块化结构，同时还将极大简化系统结构。目前有许多串行接口器件，如串行E2PROM、串行ADC/DAC和串行时钟芯片等。其中，串行E2PROM是在各种串行器件应用中使用较为频繁的器件。它具有体积小、引线少及与MCS–51单片机连接线路简单的优点，因此得到了广泛应用，常用于仪器仪表中存放重要数据。

在新型单片机中常用的串行扩展接口有摩托罗拉公司的SPI，美国国家半导体公司的 MICROWIRE/PLUS 和飞利浦公司的 I2C 总线。其中，I2C 总线具有标准的规范，还有众多带 I2C 接口的外围器件，形成了较为完善的串行扩展总线。这里以爱特梅尔（ATMEL）公司的 I2C 总线 AT24CXX 系列芯片为例，介绍 MCS-51 单片机扩展串行 E2PROM 的接口方法。

1. I2C 总线

I2C 串行总线具有两条总线线路：串行数据线 SDA 和串行时钟线 SCL，可以进行数据发送和接收。所有连接到 I2C 总线上的设备串行数据都接到总线的 SDA 线上，而各设备的时钟信号均接到总线的 SCL 上。

（1）I2C 总线的工作原理

I2C 总线是一个多主机总线。也就是说，I2C 总线协议允许接入多个器件，并支持多主机工作。总线中的主器件一般由微处理器组成，可以启动数据传送，并产生时钟脉冲信号，以允许与被寻址的器件（从器件）进行数据传送。被主机寻址的设备叫从机，可以是微控制器、存储器和 LED 等器件。I2C 总线允许有多个微控制器，但不能同时控制总线成为主器件。如果有两个或两个以上的主机企图占用总线，就会产生总线竞争，竞争成功的器件成为主器件，其他则退出。为了进行通信，每个接到 I2C 总线上的设备都有一个唯一的地址，以便于主机进行寻访。I2C 总线都是双向 I/O 总线，通过上拉电阻接正电源。各个器件构成的节点之间通过数据线相互发送或接收串行码，时钟信号则起到同步作用，根据它来判断数据传送的起始、终止及有效性等。总线空闲时，两根线都处于高电平状态。

（2）I2C 总线的通信时序

I2C 总线上主机和从机之间一次传送的数据称为一帧，它是由启动信号、若干个数据字、应答位和停止信号组成的。I2C 总线工作时序图如图 4-8 所示。下面简要介绍它的通信过程。

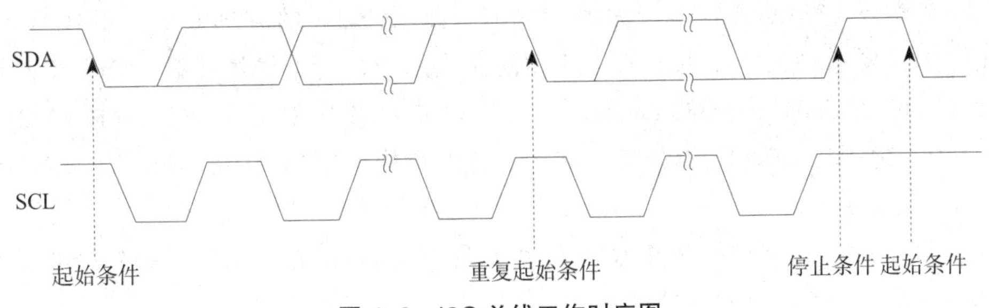

图 4-8　I2C 总线工作时序图

①空闲状态。

当总线处于空闲状态时，数据总线 SDA 和时钟总线 SCL 都为高电平。

②启动过程。

当 SCL 为高电平，SDA 电平由高变低时，数据开始传送。I2C 总线上的任意一个器件在总线空闲时，都可以发出起始条件来控制总线，成为主器件。此时总线处于忙状态，其他器件不能再产生起始条件。

③数据传送。

在发出起始条件之后，主器件首先发出一个字节，对要进行通信的从器件进行寻址。

这个字节的高 7 位用于对 127 个从器件进行寻址。信号开始后，总线上的各个器件将自己的地址与主器件送到总线上的器件地址进行比较，如果发现匹配，该器件就被认为是被主器件寻址。这个字节的最低位表示数据传送方向。当该位为高电平时，表示主器件对从器件进行读操作；当该位为低电平时，表示主器件对从器件进行写操作。

在 I2C 总线上每次发送的数据必须是一个字节，先发送高位，后发送低位，但是每次传送的字节数不受限制。I2C 总线协议规定，每一个字节传送结束时，都要有一个应答位。主机发出一个应答时钟脉冲的高电平期间使 SDA 线为高电平，接收设备在这个时钟内必须将 SDA 信号线拉为低电平，以产生有效应答信号。主机接收到这个确认位之后，即可开始下一个数据的传送。

④停止过程。

当 SCL 为高电平，SDA 电平由低变高时，数据传送结束。在结束条件下，所有操作都不能进行。

2. AT24CXX 系列芯片

在串行 E2PROM 中，较为典型的有 ATMEL 公司的 AT24C×× 系列芯片，在许多需要低功耗、低电压的工业和商业应用中，它是最优选择。其主要型号有 AT24C01/02/04/08/16/32/64 等，它们的存储容量分别是 128B、256B、512B、1024B、2048B、4096B、8192B。这些芯片的结构和原理类似，只是存储容量不同。其特点如下。

①可在低电压和标准电压下工作，具有 1.8V（V_{CC}=1.8 ~ 5.5V）和 2.7V（V_{CC}=2.7 ~ 5.5V）两种版本。

②2 线串行接口。

③输入端带施密特触发器，可抑制杂波。

④双向数据传输协议。

⑤可通过写保护引脚进行数据保护。

⑥可进行页面写操作。

⑦写操作允许操作部分页。

⑧具有 100 万次写操作和 100 年数据保存时间的高性能。

（1）AT24C×× 的引脚及功能

AT24C×× 系列芯片的封装形式有 8 脚 DIP 或 SOIC 封装和 14 脚 SOIC 封装两种。各引脚定义如下。

A2、A1、A0：芯片选择端。它们分别接高电平或接地，与写入控制字节中的 A2、A1、A0 配合，实现芯片选择。

SCL：串行时钟线。其用于输入串行时钟信号，漏极开路，需要外接上拉电阻。

SDA：串行数据 / 地址传输线。其可作为双向数据线，SDA 传送串行数据或者地址，开漏输出，需要加上上拉电阻。

WP：写保护端。当 WP 为高电平时，对芯片进行写保护，数据不能写入，仅能读出；当 WP 为低电平时，数据既能读出，又能写入。

Vcc：电源端。

GND：信号地。

（2）AT24CXX 的控制字节

在起始位以后，I2C 总线的主器件送出 8 位控制字节。控制字节结构如表 4–4 所示。

表 4–4　控制字节结构

D7	D6	D5	D4	D3	D2	D1	D0
1	0	1	0	A2	A1	A0	R/W
类型码	—	—	—	片选或块选	—	—	读 / 写

控制字节的高 4 位是从器件的类型识别码位。I2C 总线协议规定，若从器件为串行 E2PROM，则这 4 位码为 1010。控制字节的 A2、A1、A0 用于作为芯片选择

或片内块选择位，I2C 总线协议允许选择 16KB 的存储器。AT24CXX 的 A2、A1、A0 见表 4-5。控制字节的 A2、A1、A0 选择必须与外部引脚的硬件连接或内部的块选择匹配。控制字节的最低位为读写控制位，该位为 1，即为读控制字节；该位为 0，即为写控制字节。

表 4-5　AT24CXX 的 A2、A1、A0

芯片型号	容量 /KB	内部块数	页面字节	引脚			控制字 / 位		
				A2	A1	A0	A2	A1	A0
24C01	1	1	8	均为片选位			与引脚匹配		
24C02	2	1	8	均为片选位			与引脚匹配		
24C04	4	2	16	片选	片选	块选	与引脚匹配		
24G08	8	4	16	片选	块选	块选	与引脚匹配		
24C16	16	8	16	均为块选位			与引脚匹配		

3. AT24CXX 应用

（1）硬件连接电路

MCS-51 与 AT24C16 的接口电路如图 4-9 所示。因为 MCS-51 单片机片内无 I2C 总线，所以需要用仿真的方法来完成通信。这里采用 P1.0 作为串行时钟线 SCL，采用 PL1 作为串行数据线 SDA。

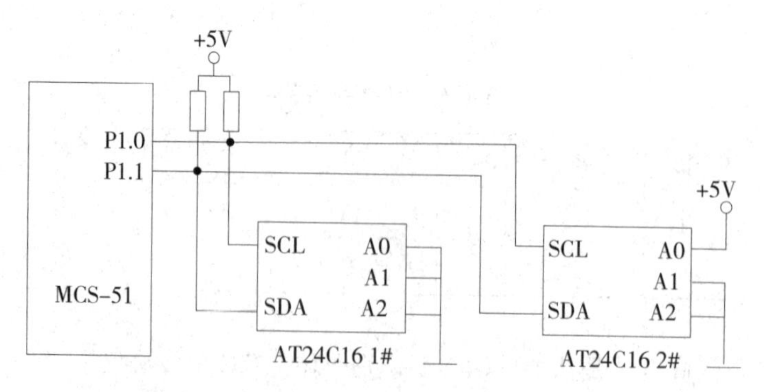

图 4-9　MCS-51 与 AT24C16 的接口电路

由于共有 3 条地址线，所以在同一组 I/O 线上只能挂接 8 片这样的从器件。总线上每一个从器件都必须使其地址输入端 A2、A1、A0 的硬件连接具有确定意义的地址。在图 4–9 中，AT24C161# 的 A2、A1、A0 引脚都接地，因此其地址为 000H。同理可得 AT24C162# 的地址为 001H。

（2）程序模拟 I2C 总线

程序模拟 I2C 总线就是采用软件平台编写 I2C 总线程序，然后采用软件程序控制的方式控制 SCL 与 SDA，在这种软件控制硬件的过程中，实现 I2CX 协议。当其主频率等于 6MHz 时，可以将常用的指令采用软件编程的形式进行编制，其中的程序包括起始段和发送信息流，检查信息和再次发送与接收，最终的停止命令。在数据属于多字节时，一般可以采用调用子程序的方式进行数据传输。当其主频率不等于 6MHz 时，在信息的传输中必须对 NOP 指令进行一定修改，才能保持时序上一致。

程序模拟 I2C 总线过程如下。

①发送开始条件子程序。

若 SCL=1 时，则 SDA 产生跳变响应。

```
START : SETB P1. 1          ； 置 SDA=1
SETB P1. 0                  ； 置 SCL=1，时钟脉冲开始
NOP
NOP
CLR P1. 1                   ；SDA 电平从高变到低
NOP
NOP
CLR P1.0                    ；SCL 电平变低，时钟脉冲结束
NOP
RET
```

②发送应答位子程序。

要求 SCL = 1 周期期间，SDA 保持低电平。

```
ACK : CLR Pl. 1             ； 置发送数据 SDA=0
SETB P1. 0                  ； 置 SCL=1，时钟脉冲开始
NOP
NOP
```

```
CLR P1.0                    ; SCL 电平变低，时钟脉冲结束
SETB P1. 1                  ； 置发送数据 SDA =1
RET
```

③发送反向应答位子程序。

要求 SCL = 1 周期期间，SDA 保持高电平。

```
NOACK : SETB P1. 1          ； 置发送数据 SDA = 1 ；
SETB P1. 0                  ； 置 SCL=1，时钟脉冲开始
NOP
NOP
CLR P1.0                    ; SCL 电平变低，时钟脉冲结束
CLR P1. 1                   ； 置发送数据 SDA =0
RET
```

④检查应答位子程序。

数据发送完之后，在第 9 个时钟周期等待应答位 ACK=0，该信息被置于程序状态寄存器 PSW 的标志位 F0 中。

```
CHECK : SETB P1. 1          ； P1.1 为输入状态
SETB P1.0                   ； 第 9 个时钟脉冲开始
NOP
MOV C，P1.1                 ； 读 SDA 线
MOV F0，C                   ； 将 ACK 存入 F0 中
CLR P1. 0                   ； 将第 9 个时钟脉冲结束
NOP
RET
```

⑤单字节发送子程序。

将累加器 A 中待发送的数据按位送上 SDA 线。

```
WRB : MOV R7，#08H          ； 发送 8 位
WLP : RLC A                 ； 先发送最高位，将发送位移入 C 中
      JC WR1                ； 此位为 1，转 WR1
      CLR P1. 1             ； 此位为 0，发送 0
      SETB P1.0             ； 置 SCL = 1，时钟脉冲开始
      NOP
```

```
        NOP
        CLR P1.0                ; SCL 电平变低，时钟脉冲结束
DJNZ R7，WLP                    ; 未发完 8 位，转 WLP
RET                             ; 已发完 8 位，返回
WR1：SETB P1. 1                 ; 此位为 1，发送 1
SETB P1. 0                      ; 置 SCL = 1，时钟脉冲开始
NOP
NOP
CLR P1.0                        ; SCL 电平变低，时钟脉冲结束
CLR P1.1
DJNZ R7，WLP                    ; 未发完 8 位，转 WLP
RET                             ; 已发完 8 位，返回
```

⑥单字节接收子程序。

从 SDA 线上按位读一个字节的数据，并保存在累加器 A 中。

```
RDBYT：MOV R7，#08H             ; 接受 8 位
       CLR A
RLP：SETB P1. 1                 ; 置 P1. 1 为输入状态
SETB P1.0                       ; 时钟脉冲开始
MOV C，P1. 1                    ; 读 SDA 线
RLC A                           ; 高位在前，移入新接收位
CLR P1.0                        ; SCL 电平变低，时钟脉冲结束
DJNZ R7，RLP                    ; 未读完 8 位，转 RLP
RET                             ; 已读完 8 位，返回
```

⑦发送停止条件子程序。

要求 SCL =1 时，SDA 电平从低到高跳变。

```
PAUSE：CLR P1. 1                ; 置 SDA=0
SETB P1.0                       ; 置 SCL = 1，时钟脉冲开始
        NOP
NOP
SETB P1. 1
        NOP
```

```
NOP
CLR PI. 0                    ; SCL 电平变低，时钟脉冲结束
NOP
RET
```

第三节　单片机小系统及片外扩展

MCS-51 单片机共有 4 个 8 位并行 I/O 口，这些 I/O 口一般不能完全供用户使用，只有当单片机带有片内程序存储器且不需要进行外部扩展时，才允许这 4 个 I/O 作为用户 I/O 口使用。但是在有些情况下，即使 4 个 I/O 口全部使用，也不能满足要求，此时需要对单片机应用系统进行 I/O 扩展。

一、并行 I/O 接口扩展及应用

MCS-51 的外部 RAM 和扩展 I/O 口是统一编址的，因此外部 RAM 的 64KB 空间地址可用作扩展 I/O 口的地址。每个 I/O 口相当于一个 RAM 单元，CPU 用访问外部 RAM 相同的指令，对扩展的 I/O 口进行读写操作。

1. 简单的 I/O 扩展

通过前面的学习我们知道，MCS-51 单片机的 P0 ~ P3 口具有输入数据可以缓冲及输出数据可以锁存的功能，并且有一定的带负载能力，在某些简单应用的场合，I/O 口可直接与外设相接，如非编码键盘和发光二极管等。当需要扩展 I/O 口时，为了能降低成本、缩小体积，可以采用 TTL、CMOS 电路锁存器或三态缓冲器构成各种类型的简单 I/O。在进行过扩展的 I/O 接口中，接口选取一般采用地址编译形式取得，而且一般对其进行连接到外总线，这也就是 PO 型的数据接口。一般情况下，扩展型 I/O 接口类的芯片主要有 273、245 等多种类型。

74LS373 和 74LS244 类型的芯片能够将 PO 类型的接口转化为 I/O 行的数据接口。其中，74LS373 为 8D 类型，并且当相位相同时，该结构具有自锁功能并拓宽了输出，在这种情况下，输出需有 8 个变量，这 8 个二极管分别对应在该位的信息输出，当其被解锁时，改为点亮。74LS244 为相同位数的缓存驱动功能，其特点为扩展型输入，并且同样为 8D 类型，并且当相位相同时，该结构具有自锁功能并拓宽了输入，在这种情况下，输出需有 8 个变量，对应 8 个开关。这两种接口的工作

和运行情况受到 MCS-51 单片机的 P2.7、$\overline{\text{RD}}$ 和 $\overline{\text{WR}}$ 3 条控制线控制。

当 P2.7=0，$\overline{\text{WR}}$ =0 时，选中 74LS373，CPU 执行写操作，点亮发光二极管；当 P2.7=0，$\overline{\text{RD}}$ =0 时，选中 74LS244，CPU 执行读操作，查询按钮状态。总之，只要保证 P2.7 为“0”，其他地址线为任意值都可选中 74LS373 或 74LS244。但为了避免与外部扩展的 RAM 地址重叠，降低程序的可读性，设计人员一般将不用的其他地址线设为“1”。因此，74LS373 和 74LS244 的端口地址为 7FFFH。

2. 利用可编程接口芯片进行 I/O 扩展

可编程接口芯片是指其功能可由计算机的指令进行改变的芯片。常用的可编程接口芯片有定时 / 计数器 8253，中断控制器 8259，串行接口芯片 8251 和并行接口芯片 8255、8155 等。下面以并行接口芯片 8155 为例来说明可编程接口芯片的使用情况。

（1）英特尔 8155 引脚及功能

英特尔 8155 是可编程 RAM/IO 芯片，为 40 脚双列直插式封装，有 256×8 位静态 RAM，2 个 8 位和 1 个 6 位可编程并行 I/O 接口，还有 1 个 14 位可编程减 1 定时 / 计数器，可直接与 MCS-51 单片机相接。图 4-10 和图 4-11 分别给出了 8155 芯片的引脚分布与内部结构。

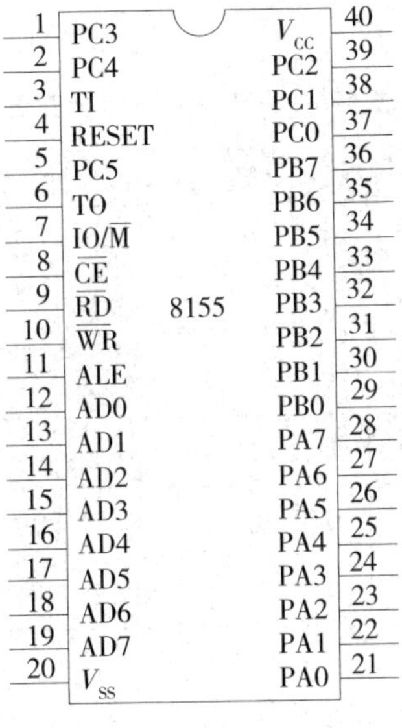

图 4-10　8155 芯片的引脚分布

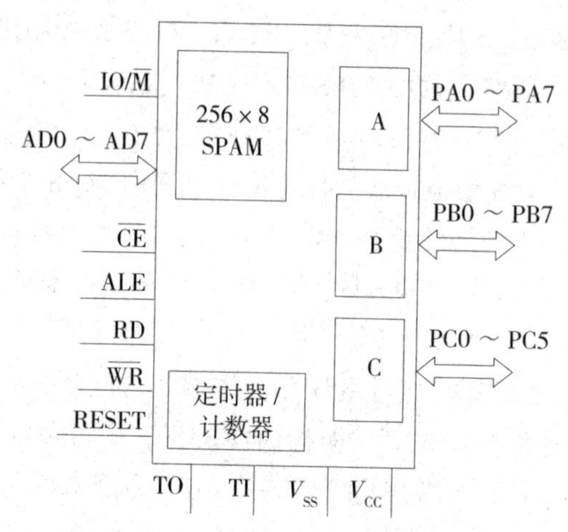

图 4-11　8155 芯片的内部结构

其部分引脚功能如下。

AD0 ~ AD7：三态地址 / 数据总线，连接 CPU 的低 8 位地址 / 数据总线。

IO/$\overline{M}$：RAM/IO 口选择信号输入端。当 IO/$\overline{M}$=0 时，选中 8155 的片内 RAM，AD0 ~ AD7 为 RAM 的地址或数据。当 IO/$\overline{M}$=1 时，选中 8155 的片内 3 个 I/O 端口，还有命令 / 状态寄存器和定时 / 计数器，AD0 ~ AD7 为 I/O 口地址或数据，其地址分布见表 4-6。

表 4-6　8155 端口地址分布表

AD7	AD6	AD5	AD4	AD3	AD2	AD1	AD0	选中寄存器
X	X	X	X	X	0	0	0	内部命令 / 状态寄存器
X	X	X	X	X	0	0	1	PA 口寄存器
X	X	X	X	X	0	1	0	PB 口寄存器
X	X	X	X	X	0	1	1	PC 口寄存器
X	X	X	X	X	1	0	0	定时 / 计数低 8 位寄存器
X	X	X	X	X	1	0	1	定时 / 计数高 6 位 + 2 位计数模式码寄存器

$\overline{CE}$：片选信号输入端，低电平有效。

ALE：地址锁存允许信号输入端。由 ALE 下降沿将 AD0 ~ AD7 上的地址，

$\overline{CE}$ 及 IO/ $\overline{M}$ 状态锁存到片内锁存器。

读选通信号输入端，低电平有效。

写选通信号输入端，低电平有效。

RESET：当电平比较高时，对输入为信号进行复位。通常当其上的电压带宽高于 600ns 时，该命令可以将其自动复位，变为初始化形式

PA0 ~ PA7：A 口的 I/O 线，I/O 方向由命令字编程设定。

PB0 ~ PB7：B 口的 I/O 线，I/O 方向由命令字编程设定。

PC0 ~ PC5：C 口的 I/O 线，或 A 口和 B 口的状态控制信号线，由命令字编程设定。

TI：定时 / 计数器的输入端。

TO：定时 / 计数器的输出端，可选择不同的工作模式，并且可以输出方波或脉冲。

V_{CC}：+5V 电源线。

V_{SS}：接地端。

（2）8155 与 MCS-51 的典型接口电路

图 4-12 为 8155 与 MCS-51 单片机的典型接口电路。当 P2.7=0、P2.0=0 时，选中 8155 内的 256B 的 RAM 单元，地址范围为 0000H ~ 00FFH（无关的地址线设为 0）。当 P2.7=0、P2.0=1 时，选中 8155 内的 I/O 端口，端口地址如下。

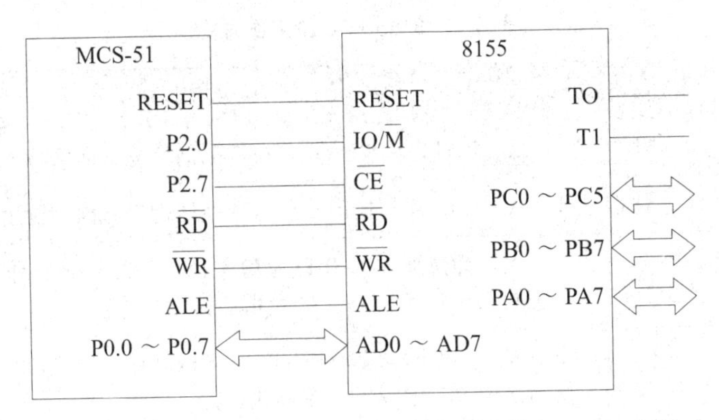

图 4-12　8155 与 MCS-51 单片机的典型接口电路

命令 / 状态口：7FF8H（无关的地址线设为 1）。

A 口：7FF9H。

B 口：7FFAH。

C 口：7FFBH。

定时 / 计数器低 8 位口：7FFCH。

定时 / 计数器高 8 位口：7FFDH。

（3）读写 8155 片内 RAM

对 MCS-51 单片机来说，8155 片内 256B RAM 属于片外 RAM，应使用 MOVX 指令读写。

（4）8155 的控制字和状态字

① 8155 的 I/O 工作方式选择是通过对 8155 内部控制寄存器发送控制命令来实现的。控制寄存器只能写入不能读出，其控制字格式如图 4-13 所示。各位定义如下。

D7	D6	D5	D4	D3	D2	D1	D0
TM2	TM1	IEB	IEA	PC2	PC1	PB	PA

图 4-13　8155 控制字格式

PA：A 口数据传送方向控制位。

PB：B 口数据传送方向控制位。

PC2、PC1：C 口工作方式设置位。其具体方式见表 4-7。

表 4-7　8155　C 口工作方式

PC2	PC1	工作方式	说 明
0	0	ALT1	A、B 口为基本 I/O，C 口数据的传输方向为输入
0	1	ALT2	A、B 口为基本 I/O，C 口数据的传输方向为输出
1	0	ALT3	A 口为选通 I/O，B 口为基本 I/O，PC2 ~ PC0 作为 A 口的选通应答，PC5 ~ PC3 的数据传输方向为输出
1	1	ALT4	A、B 口为选通 I/O，PC2 ~ PC0 作为 A 口的选通应答，PC5 ~ PC3 作为 B 口的选通应答

IEA：A 口中断允许设置位。

IEB：B 口中断允许设置位。

TM2、TM1：计数器工作方式设置位。其具体方式见表 4-8。

表 4-8　定时 / 计数工作方式

TM2	TM1	工作方式	说 明
0	0	方式 1	不影响定时器工作
0	1	方式 2	若计数器未启动，则无操作；若计数器已运行，则停止计数
1	0	方式 3	计数到“0”时，停止计数器工作
1	1	方式 4	启动定时 / 计数器；若定时器已在运行，则计满后按新的方式和初值启动

② 8155 的状态寄存器与控制寄存器属同一地址，但只能读出不能写入，其状态字格式如图 4-14 所示。各位定义如下。

D7	D6	D5	D4	D3	D2	D1	D0
X	TIMER	INTEB	BFB	INTRB	INTEA	BFA	INTRA

图 4-14　8155 状态字格式

INTRi：中断请求标志。此处 i 表示 A 或 B，下同。INTRi=1，表示 A 口或 B 口有中断请求；INTRi=0，表示 A 口或 B 口无中断请求。

BFi：缓冲器满 / 空标志。BFi=1，表示缓冲器已装满数据；BFi=0，表示缓冲器空。

INTEi：中断允许标志。INTEi=1，表示 A 口或 B 口允许中断；INTEi=0，表示 A 口或 B 口禁止中断。

TIMER：定时器溢出中断标志。TIMER=1，有定时器溢出中断；TIMER=0，读状态字或硬件复位。

（5）8155I/O 工作方式

①基本 I/O 方式。

在基本 I/O 方式下，A、B、C 3 个端口均用作数据输入 / 输出，具体由 8155 的工作方式控制字所决定。

②选通 I/O 方式。

A 口、B 口均可工作在选通方式下，此时 A 口、B 口用作数据口，C 口用作 A 口和 B 口的联络控制。C 口各位联络线在选通方式下的定义见表 4-9。

表 4-9　C 口各位联络线在选通方式下的定义

C 口	选通 I/O 方式	
	ALT3	ALT4
PC0	AINTR（A 口中断请求）	AINTR（A 口中断请求）
PC1	ABF（A 口缓冲器满）	ABF（A 口缓冲器满）
PC2	ASTB（A 口选通）	ASTB（A 口选通）
PC3	输出	BINTR（B 口中断请求）
PC4	输出	BBF（B 口缓冲器满）
PC5	输出	BSTB（B 口选通）

$\overline{\text{STB}}$ 通常作为 8155 与外部设备的联络信号，当系统接收到其发送出的低电平应答输出信息时，若允许中断，则触发中断信号；接收到数据输入信息时，若允许中断，同样会触发中断。缓冲器满信号 BF 不分输入 / 输出，可供 CRJ 查询使用。

（6）8155 定时 / 计数器

8155 的可编程定时 / 计数器在功能上与 MCS-51 单片机内部的定时 / 计数器是相同的，但是在使用上却不完全相同，具体表现在如下几点。

① 8155 的可编程定时 / 计数器实际上是一个固定的 14 位减法计数器。

②其不论是定时还是计数工作，都由外部提供计数脉冲，由 TI 端输入，使用时需要注意芯片允许的最高计数频率。8155 允许从 TI 引脚输入脉冲的最高频率为 4MHz。

③计数溢出时，由 TO 端输出脉冲或方波，输出波形通过软件可定义为 4 种形式。

定时 / 计数器由两个 8 位寄存器组成，其中的低 14 位存放计数初值，其余 2 位定义输出方式，其格式如图 4-15 所示。其中，M2、M1 位输出方式定义见表 4-10。

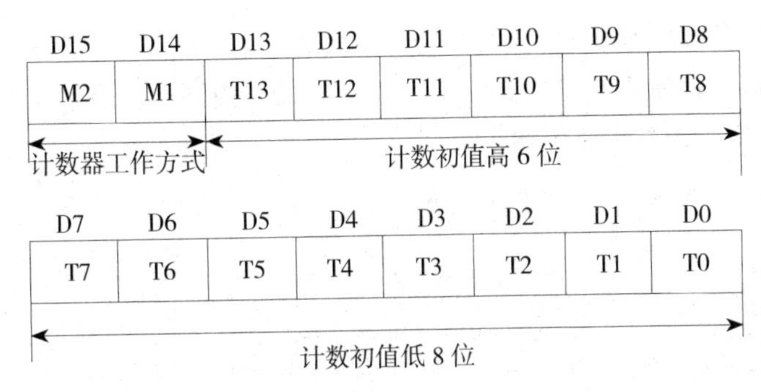

图 4-15 定时 / 计数器的格式

表 4-10 M2、M1 位输出方式定义

M2	M1	工作方式	说 明
0	0	单方波输出	计数长度的前半部分输出高电平，后半部分输出低电平
0	1	连续方波输出	计数长度的前半部分输出高电平，后半部分输出低电平，计满回“0”时重装初值，继续计数
1	0	单脉冲输出	计满回“0”时输出一个单负脉冲
1	1	连续脉冲输出	计满回“0”时输出一个单负脉冲，然后重装初值继续计数

使用时，先把计数初值和输出方式装入定时 / 计数器的两个寄存器。计数初值为 2 ~ 3FFFH 的任意值，然后通过发送控制命令（控制寄存器的最高两位）进行启动和停止。当计数初值为奇数时，若输出为方波，则高电平比低电平多一个计数值。当计数器正在计数时，允许装入新的计数方式和初值，但必须再向定时 / 计数器发送一个启动命令。

在需要运行时应当注意，务必将初始条件和运行模式放入两个不同等的临时寄存器中，一般分别采用定时器和计数器，初始值的范围为 32 位的计数型数值 2 ~ 3FFFH。在进行过临时寄存之后，通过软件编程的方式，进行发出控制指令，用以控制程序运行和寄存器启动与停止。当寄存器中的初始值发送给定时 / 计数器时，在实际应用中，有时会利用 8155 或 8255 实现键盘 / 显示，图 4-16 所示为利用 8155 实现的键盘 / 显示接口电路。8155 的 PB 口为输出口，控制显示器字形；PA 口为输出口，控制键扫描作为扫描口，同时又是控制 6 位显示器的位选线；PC 口为输入口，作为键扫描时的输入口。

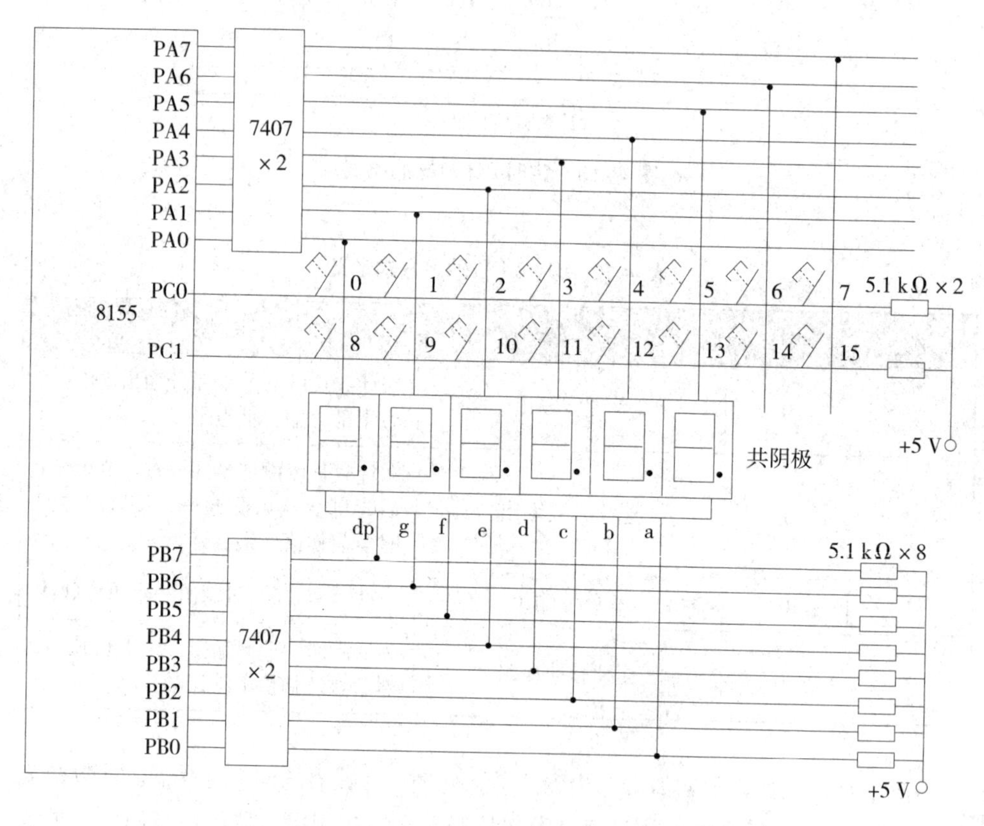

图 4-16 利用 8155 实现的键盘 / 显示接口电路

编写程序时可采用定时的方法对键盘和显示器进行扫描，扫描时间设为 15ms，即每隔 15ms 中断一次，并在中断服务程序中进行键盘扫描和调用显示。调用显示子程序为循环显示，6 位全部显示完的执行时间为 6ms，可以在键盘识别中调用两次作为消抖时间。在等待键释放时，可以每调用一次就判断一次键是否释放，以保证显示连续性。图 4-17 所示为定时扫描键盘 / 显示程序流程图。请读者自行编写程序。

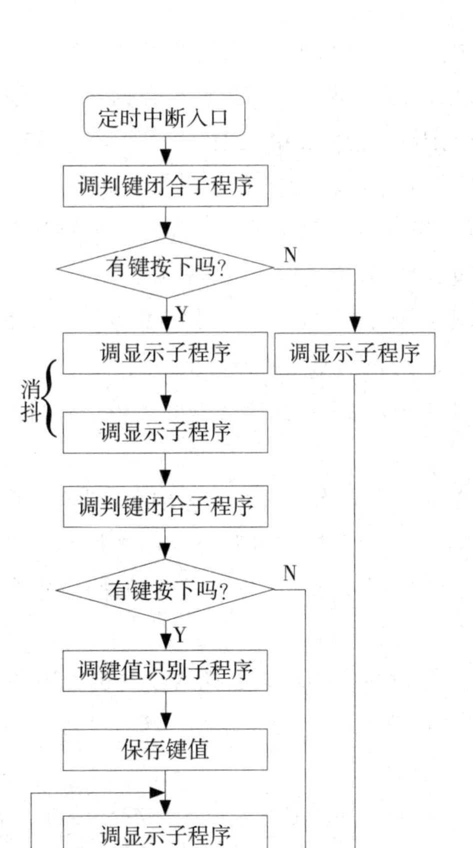

图 4-17　定时扫描键盘 / 显示程序流程图

二、可编程串行显示接口芯片 MAX7219 及扩展应用

常用的专用数码管显示电路有 8279 和 MAX7219，前者因近年来停产和使用较复杂而很少有人使用；后者因使用方便灵活，连线简单，不占用数据存储器空间，使用它的人越来越多。

MAX7219是美国美信（MAXIM）公司生产的串行输入、共阴极显示输出的控制驱动器，其采用CMOS工艺，内部集成了数据保持、BCD译码器、多路扫描器、段驱动器和位驱动器。每片MAX7219最多可同时驱动8个LED数码管、条形图显示器或64只发光管。MAX7219的主要特点如下。

①采用三线串行传送数据，仅用3个引脚与微处理器的相应端相连即可，串行数据的传送速率高达10MHz，还可以级联使用。

②内部具有8B显示静态RAM（称为数字寄存器）和6个控制寄存器，可单独寻址和更新内容，有译码和不译码两种显示模式。

③上电时，所有的LED熄灭；正常工作时，可通过外接电阻或编程方式调节LED亮度。

④最大功耗为0.87W，并具有150μA电流的低功耗关闭模式。

MAX7219和LED数码管直接连接时可不用外加驱动器和限流电阻，不用译码器、锁存器和其他硬件电路。MAX7219还可以级联使用，驱动更多的LED数码管，且不必另外占用单片机口线。

占用单片机的端口资源少，因此其已成为单片机应用系统中首选的LED显示接口电路。

1. MAX7219的引脚功能

MAX7219是24脚双列直插式芯片。各引脚的功能如下。

DIN：串行数据输入端，在时钟周期的上升沿将数据逐位输入内部16位移位寄存器。在CLK的上升沿到来之前，DIN必须有效。

DIG0 ~ DIG7：显示器的位控制端，分别接至8只共阴极LED数码管的阴极，从显示器灌入电流。

GND：信号地，两个接地引脚都应接地。

LOAD：数据锁存脉冲输入端，在其上升沿处锁存16位串行输入数据。

CLK：串行数据移位脉冲输入端，具有10MHz的最大速率，在其上升沿处数据移入内部移位寄存器。

SEGa ~ SEGg、SEGdp：7段段码和小数点输出端。

ISET：外接电阻端，与V+之间连有一个电阻，以设置峰值段电流。

V+：供电电压（4 ~ 5.5V），典型值为5V。

DOUT：串行数据输出端。输入DIN的数据经16.5个时钟周期后在DOUT端正确输出，用作MAX7219的扩展。

2. 串行数据格式与工作时序

MAX7219 内部的 16 位移位寄存器锁存数据格式如表 4–11 所示。其中，D0 ~ D7 为命令或待显示数据，D8 ~ D11 为寄存器地址，D12 ~ D15 为无关位，可取任意值。在每组 16 位数据中，首先接收的为最高有效位，最后接收的为最低有效位。

表 4–11　MAX7219 内部的 16 位移位寄存器锁存数据格式

地址字节								数据字节							
D15	D14	D13	D12	D11	D10	D9	D8	D7	D6	D5	D4	D3	D2	D1	D0
X	X	X	X	寄存器地址				寄存器数据							

MAX7219 的工作时序如图 4–18 所示。DIN 是串行数据输入端，在 CLK 时钟作用下，串行数据依次从 DIN 端输入内部 16 位移位寄存器 CLK 的每个上升沿，并且均有一位数据由 DIN 移入内部移位寄存器。

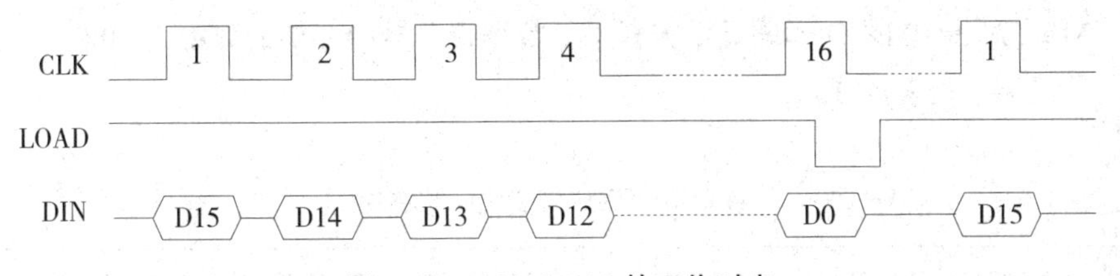

图 4–18　MAX7219 的工作时序

LOAD 用来锁存数据。在 LOAD 的上升沿，移位寄存器中的 16 位数据被锁存到 MAX7219 内部的控制或数据寄存器中。LOAD 的上升沿必须在第 16 个 CLK 时钟上升沿的同时或之后，且在下一个 CLK 时钟上升沿之前产生，否则数据将会丢失。LOAD 引脚由低电平变为高电平时，串行数据在 LOAD 上升沿的作用下方可锁存 MAX7219 的寄存器，因此 LOAD 又可称为片选端。

在 16.5 个时钟周期后，先前进入 0 项的数据 D15 将出现在引脚 DOUT 上。DOUT 引脚是用来实现 7219 级联的，当显示数码管多于 8 个时，可用 MAX7219 级联（最多 8 级）。前级 MAX7219 的 DOUT 输出接后级 MAX7219 的 DIN 输入，各级的 LOAD 连在一起，段输出端和位输出端对应连接。在级联显示时，最好每个芯片所驱动的显示位数设计一致，这样所有显示器的亮度才一致。

3. MAX7219 内部寄存器

MAX7219 内部有 14 个 8 位寄存器，其中 8 个显示数据寄存器用于存放 DIG0 ~ DIG7 对应的显示数据，地址为 X1H ~ X8H；6 个控制寄存器，即译码模式控制寄存器、显示亮度控制寄存器、扫描频率限制寄存器、关闭（消隐）模式寄存器、显示测试寄存器及空操作寄存器。各控制寄存器的控制功能说明如下。

（1）译码模式控制寄存器（地址 X9H）

MAX7219 具有 BCD 码译码模式和非译码模式。译码模式寄存器数据位与 LED 显示位的对应关系见表 4-12。若该位为 1，其对应位 LED 显示为译码模式；若该位为 0，其对应位 LED 显示为非译码模式。

表 4-12　译码模式寄存器数据位与 LED 显示位的对应关系

译码模式寄存器数据位	D7	D6	D5	D4	D3	D2	D1	D0
LED 显示位	DIG7	DIG6	DIG5	DIG4	DIG3	DIG2	DIG1	DIG0

MAX7219 在 BCD 译码显示方式中，数据寄存器中存储的数据为 00H ~ 0FH，这时数码显示见表 4-13。

表 4-13　译码模式代码字符表

数据	00H	01H	02H	03 H	04H	05 H	06H	07H	08H	09H	0AH	0BH	0CH	0DH	0EH	0FH
字形	0	1	2	3	4	5	6	7	8	9	·	E	H	L	P	灭

非译码模式也称段选码模式，其数据寄存器中的数据 D7 ~ D0 分别对应 LED 数码管的 dp 及 a ~ g 段。若某位为 1，其对应段点亮。非译码模式下数据寄存器数据位与 LED 段的对应关系见表 4-14。

表 4-14　非译码模式下数据寄存器数据位与 LED 段的对应关系

数据寄存器数据位	D7	D6	D5	D4	D3	D2	D1	D0
对应的 LED 段	dp	a	b	c	d	e	f	g

（2）显示亮度控制寄存器（地址 XAH）

MAX7219 可用外接电阻调节 LED 亮度（称为亮度模拟控制）。外部电阻 R_{SET} 接在电源 V+ 和 ISET 端之间，用来控制段电流的峰值，即最大亮度。R_{SET} 既可以是固定的，也可以是可变的，由面板来进行亮度调节。R_{SET} 的最小值为 9.53kΩ。

段电流也可用显示亮度控制寄存器进行调节（称为亮度数字控制），即用寄存器的 D3 ~ D0 位控制内部脉宽调制器的占空比来控制 LED 段电流的平均值，以达到控制亮度的目的。当 D3 ~ D0 位从 0 变化到 0FH 时，占空比从 1/32 变化到 32/32，共 16 个控制等级，每级变化 2/32。

（3）扫描频率限制寄存器（地址 XBH）

该寄存器用于设置显示 LED 数码管的个数（18 个）。8 位 LED 显示时，以 1300Hz 的扫描频率分路驱动，轮流点亮 LED 数码管。该寄存器的低 3 位值指定要扫描 LED 数码管的个数。若要驱动的 LED 数少，则可降低扫描上限，以提高扫描速度和亮度。例如，系统中只有 4 个 LED，应连接 DIG0 ~ DIG3，并写入 0B03H，使扫描速度提高一倍。

（4）关闭模式寄存器（地址 XCH）

MAX7219 处于关闭模式时，扫描振荡器停止工作，显示器为消隐状态，显示数字与控制寄存器中的数据保持不变，但可以对其更改数据或改变控制方式。在寄存器中，当其处于关闭模式时，D7 ~ D1 对系统控制和状态没有影响。若 D0 为 0 时，该寄存器将不再进行操作，即寄存器将完全关闭。当 D0=1 时，该寄存器控制的显示设备将进入正常模式，按照之前的程序设置进行正常的工作。控制寄存器拥有这两种工作模式，可以在适当时机进入关闭状态，因此可以节约电能。

（5）显示测试寄存器（地址 XFH）

在显示测试寄存器中，D1 ~ D7 位对于系统的状态和控制结果没有影响，也就是说这几位的初始值和变化对该型寄存器的工作模式没有影响作用。在 D0=1 情况下，所有分段结构的灯都显示为亮，而该类型寄存器，在任何情况下都可以进入该模式，甚至在关闭的情况下；在 D0=0 时，该寄存器进入正常的工作状态，即回到初始状态。在一般情况下，系统自动选择为正常的工作状态。

（6）空操作寄存器（地址 X0H）

空操作寄存器在系统中主要起级联作用，其中的初始值可以为任意值，其并不影响此时该寄存器的作用，因此在信息传递过程中，其不对数据的组织结构产生任何影响。在进行级联运作时，该寄存器中所有的 LOAD 数据端口均需要连接在一起，同时上一级需要与下一级的端口相接才能起作用。当两片核心寄存器进行级联时，数据传输效率为 32 位，其中前 16 位为信息的数据包，而后 16 位为系统的空操作。因此，该数据结构为模具距离从没有变化过的 32 位数据包。

第五章　单片机在智能控制系统中的应用

第一节　典型智能油加热器控制器实例

一、概述

英特尔 80C196 控制系统是 AOHC-I 型智能油的加热控制器的核心。在该加热器的出口和入口均安装有温度传感器，该系统能精确控制加热温度使燃油达到技术要求。其运用神经网络智能技术自动识别、调整系统参数，实现了精准快速地控制，并且系统有完善的过压、过载和断相保护。系统支持在线实时显示各类参数，并可以长期保存这些数据。英特尔 80C196 控制系统的智能化使得智能油加热器实现了恒温、程控曲线控制，由于系统安全可靠，调试方便，因此故障率极低。整体来说，搭载英特尔 80C196 控制系统的 AOHC-I 型智能油的加热控制器结构简单，控制精准稳定，并且还有移动通信能力，允许多个控制器与同一个控制机构集成。

1. 油加热器工艺过程概述

其加热所用能源为电能，用电加热导热油介质，导热油经过高温油泵进行强制液相循环，对相应的设备进行加热。这种方法在医药化工、塑料橡胶、建材与印刷、交通建设甚至食品行业都有广泛应用，主要是因为这种加热方式的热源稳定、低压。其供热原理是通过电加热导热油，使导热油在低压的闭环系统中高温运行，并直接在需要加热的地方释放热量来达到加热的目的，为了使加热过程持续进行，系统中一般利用高温油泵实现导热油介质循环，即加热—循环—再加热—再循环。其工艺流程如图 5-1 所示。

油加热器需要用电的设备是加热炉和循环泵。首先加热炉中有多组换热管用来将电能转化成热能，它们用三相 Y 型接法连接，并且分别由交流接触器或固态继电器控制，其主电路如图 5-2 所示。

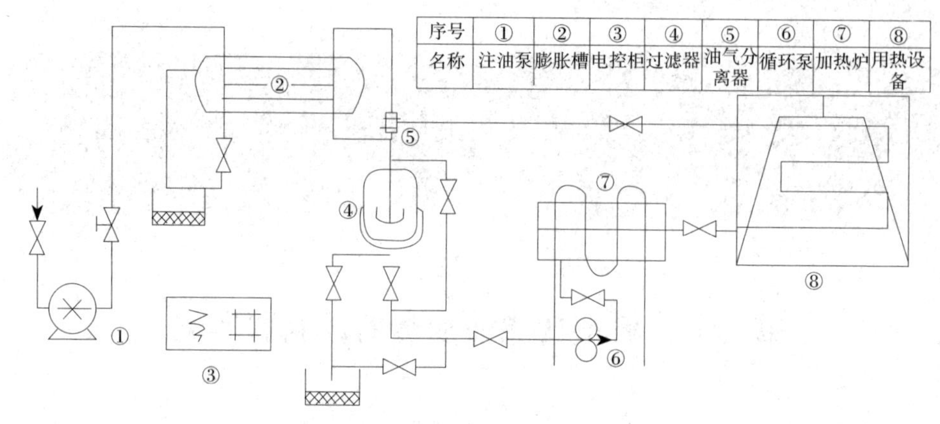

图 5-1　油加热器工艺流程图

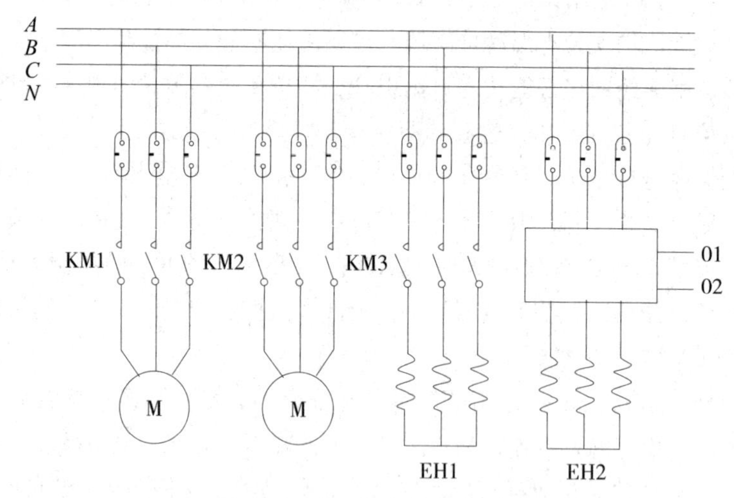

图 5-2　油加热器的主电路图

油加热器的控制关键就是精确控制导热油的温度。导热油的温度要求均匀、稳定，加热过程柔和，温度变化速率合适，不宜过快和波动。此外，加热系统运行在小于等于 0.45MPa 的低压环境，系统中应该有相应的安全监测保护装置。

2. 控制器的主要性能

其核心作用就是实现温度精准控制。控制器采集端连接了进 / 出口处的温度传感器，其单元神经元算法采用了自适应 PID 智能调节算法，可以高度准确地将采集到的数据进行智能处理，严格控制进 / 出口温度。这种控制系统具有实时监控、调整功能，并且对于超载情况可以发出警告。

控制器主要性能如下。

温度信号输入：热电阻 Pt1003 路；

交流电压信号输入：1 路。

交流电流信号输入：3 路。

继电器输出：6 路。

固态继电器控制：1 路。

电源：交流（220±10%）V，50Hz；直流 +5V，+15V，±12V。

适应环境温度：−10℃～45℃。

适应环境湿度：≤80%。

二、智能控制系统设计

智能控制系统的核心选用了英特尔 80C196 单片机，该单片机为 16 位单片机，根据系统控制要求细节，其要求运算速度快并且精度高，因此选择这种单片机很合适。英特尔 80C196 单片机的指令相对丰富，自带 8 路 10 位 A/D 转换器，可以完成温度、电流、电压信号采集与处理，因此计算精度和速度都很高，并且控制系统不需要扩展 A/D 转换器。

控制系统原理框图，如图 5-3 所示。

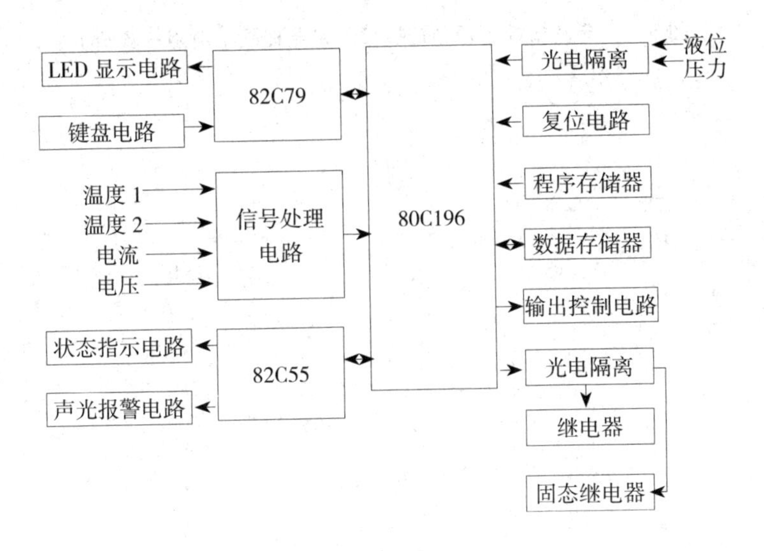

图 5-3　控制系统原理框图

该系统由如下几部分组成。

（1）单片机控制板

单片机控制板是控制系统的核心，80C196KB 单片机、数据存储器、单片机功放电路、继电器等元件共同组成了单片机主板。此外，还可以用一片 EPROM 27128 来扩展存储器，用一片串行 EEPROM9 3C46 来存储温度等。其采用观点隔离输出，通过功率驱动控制固态继电器的导通波数并以此来控制温度，具体电路如图 5-4 ~ 图 5-6 所示。

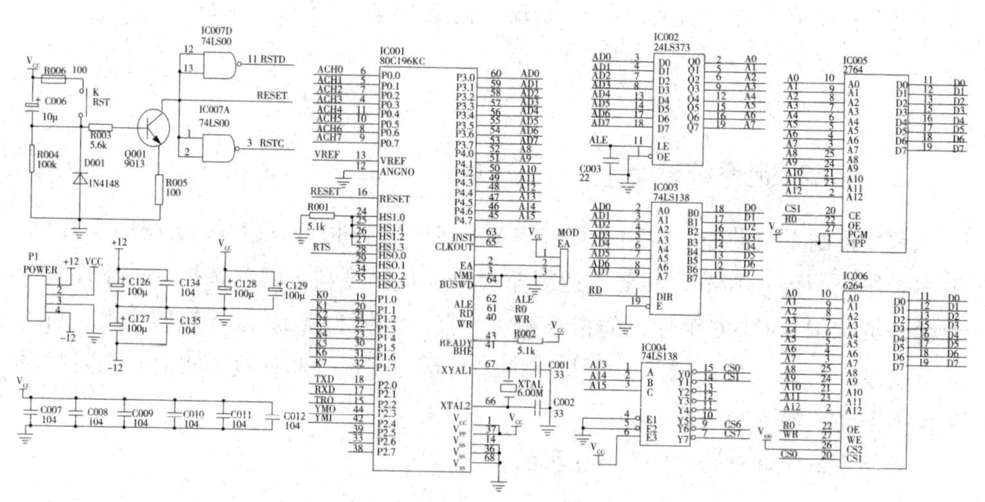

图 5-4　单片机控制板通信接口电路原理图（电阻：欧姆）

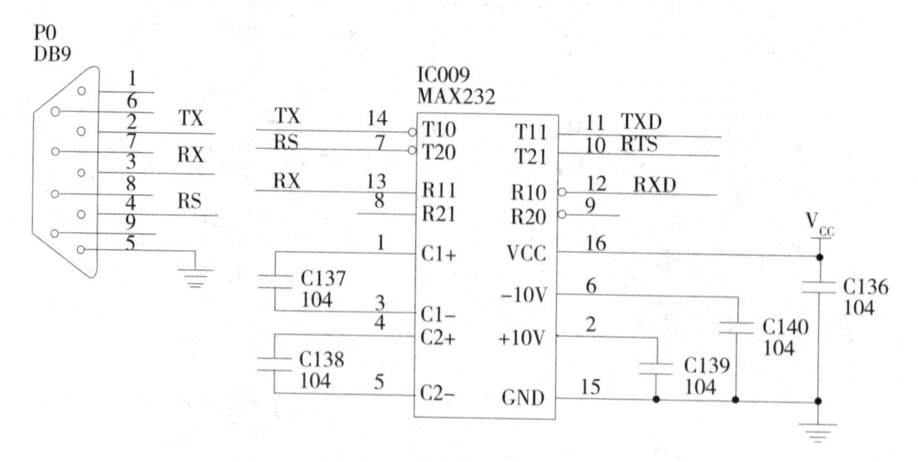

图 5-5　单片机控制板通信接口电路原理图

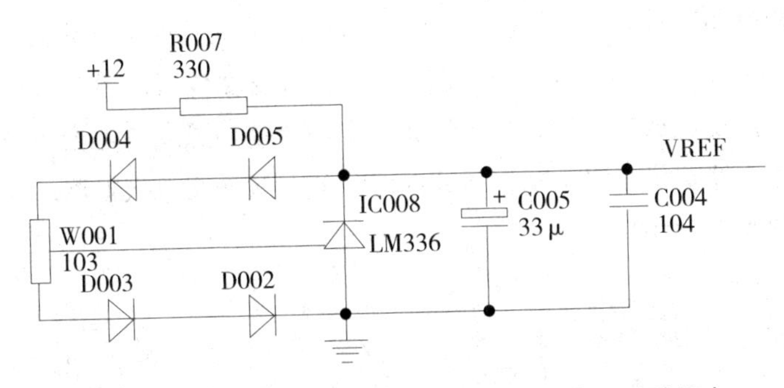

图 5-6　单片机控制板基准电路原理图（电阻：欧姆）

（2）信号处理板

信号处理板上的电路包括温度信号放大电路、电流和电压信号处理两类。其中，温度信号放大电路可以将温度信号变换为 0 ~ 5V 的直流信号，电路是由电桥、恒流源和 ICL7650 斩波稳零集成运算放大器等核心组成的。温度是通过热电阻 Pt100 测量的，经过放大的温度信号随后被传输到单片机中。具体电路图如图 5-7 所示。单片机中用 LM358 精密整流电路将交流电流和电压信号转变成 0 ~ 5V 的直流信号。

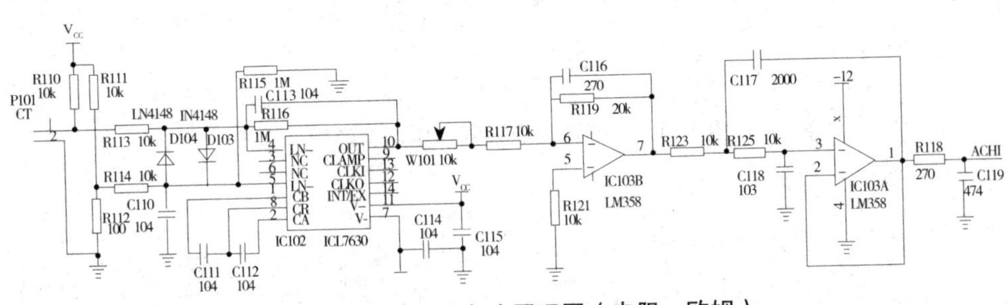

图 5-7　信号处理电路原理图（电阻：欧姆）

Pt100 热电阻温度传感器的测温范围为 0℃ ~ 500℃，此外其所用的电流传感器是标准的自制电流互感器，电流信号经二次互感器变换到 0 ~ 100mA 的范围后被送入控制单片机中。电压传感器选用 380V/10V 的变压器。

（3）显示板

显示板的作用是在系统运行过程中实时显示其参数和运行状态。8255 接口电路、8279 接口电路、数码显示管、液晶显示屏和键盘等共同组成了显示板，除此之外还可选用一片 82C79 来拓展键盘接口和显示电路，选用一片 82C55 拓展液晶显示器接口和报警状态指示电路接口。该显示由数码管实现，一共可显示 8 位数字，显示内容为温度设置值和实时值。液晶显示可以显示每行 20 字符的 4 行数据，其键盘总共 16 个按键，其中有 0 ～ 9 共 10 数字键可用于输入温度数值，还有启动油泵、停止油泵、确认、修正、加热启动和加热停止 6 个功能键。温度与电流不平衡或者超标时由报警指示电路提供报警指示，与此同时系统会接通交流接触器，具体电路分别如图 5-8 ～图 5-11 所示。

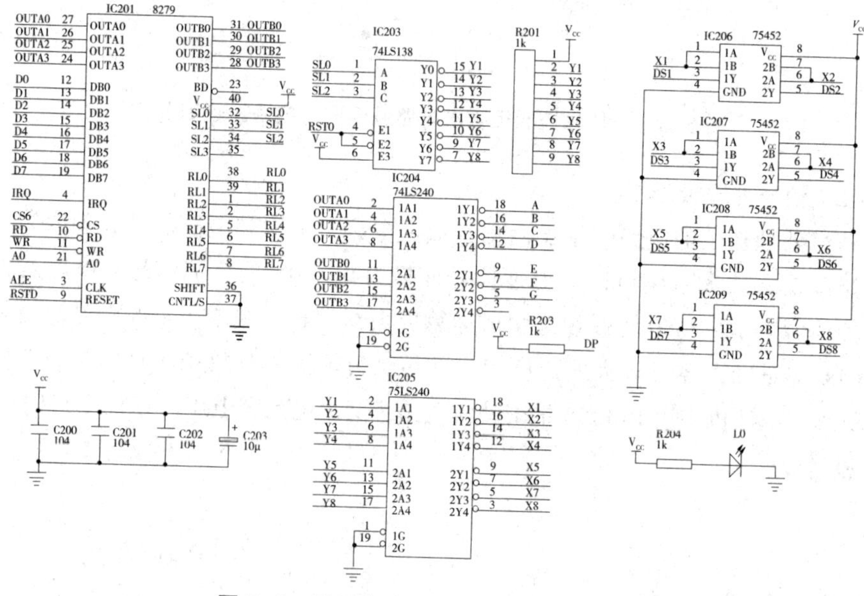

图 5-8　显示电路原理图（电阻：欧姆）

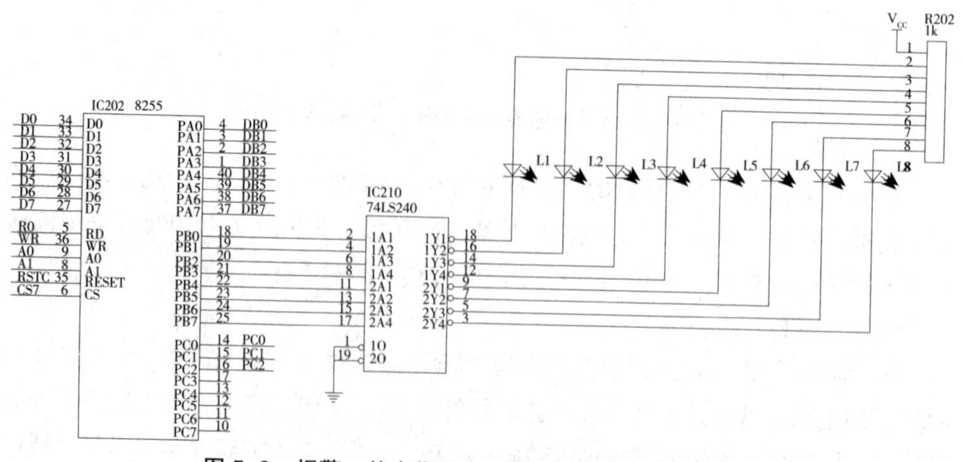

图 5-9　报警、状态指示电路原理图（电阻：欧姆）

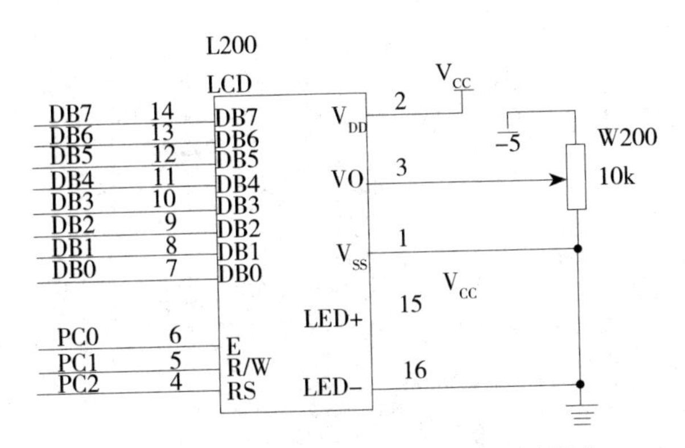

图 5-10 液晶电路原理图（电阻：欧姆）

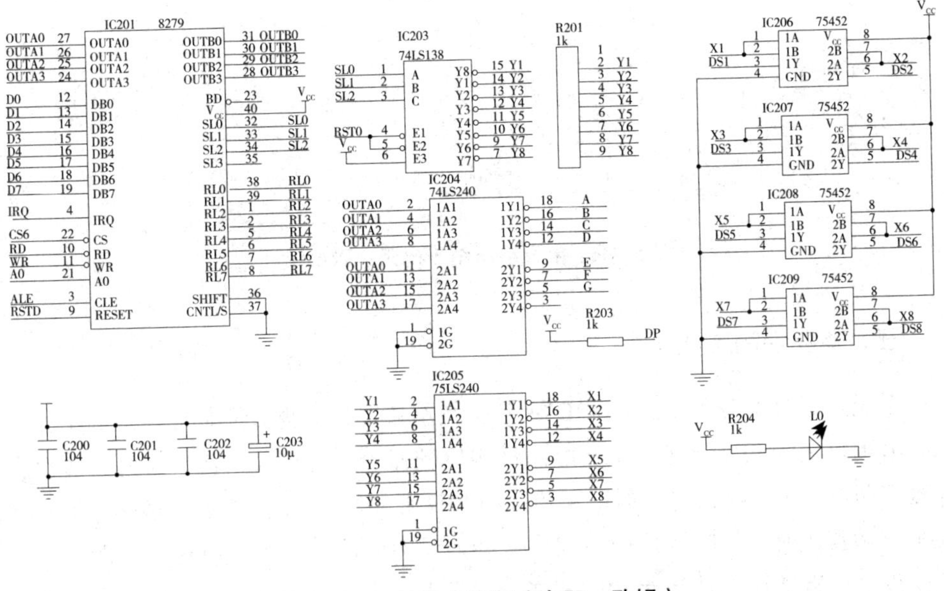

图 5-11 键盘电路图（电阻：欧姆）

（4）电源板

电源板用来提供 +5V、+24V、+15V、± 12V 直流电源。具体电路图分别如图 5-12 所示。

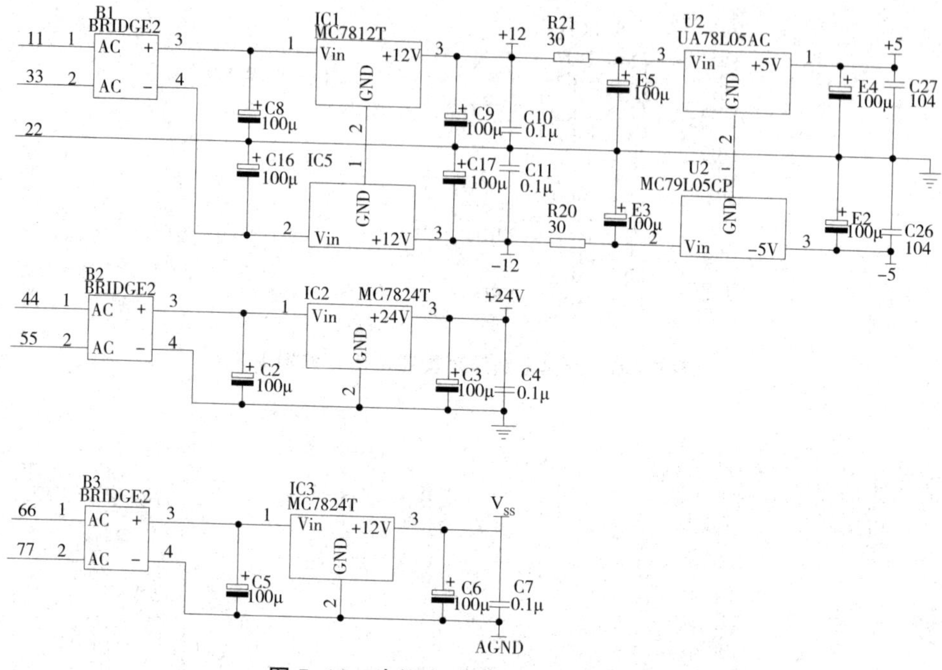

图 5-12　电源电路图（电阻：欧姆）

三、智能控制方法

系统运用自适应单神经元 PID 智能控制器来实时检测、控制加热器的工作情况。由于传统的 PID 智能控制器电路结构比较简单，调节起来比较容易，所以在工程控制模块中广泛使用。但由于传统的 PID 智能对 PBD 的参数处理不能实现在线实时调整，所以实际运用中还存在一些困难。因此，为了解决这一问题设计人员就设计了自适应单神经元 PID 智能，它具有自主学习记忆功能，可以大大提高加热器控制器的实时调整性能和系统的鲁棒性。

1. PID 调节器的离散差分形式

连续系统 PID 调节器的算式为

$$u(t)=K_{\mathrm{p}}\left[e(t)+\frac{1}{T_{\mathrm{i}}}\int_0^t e(t)\mathrm{d}t+\mathrm{T}_d\frac{\mathrm{d}e(t)}{\mathrm{d}t}\right] \tag{5-1}$$

式中，K_{P} 为比例增益；T_{i} 为积分时间常数；T_{d} 为微分时间常数。

如果采样周期 T 较短就需要将这一方程离散化处理成差分方程，编程时可以用一阶差分代替微商，用矩阵积分连续积分来迭代求解近似值，最后可求出 PID 调节器的离散方程如下。

$$\Delta u(k)=K_{\mathrm{p}}\left[\Delta e(k)+\frac{T_0}{T_{\mathrm{i}}}e(k)+\frac{T_{\mathrm{d}}}{T_0}\Delta\frac{T_{\mathrm{d}}}{T_0}\Delta^2 e(k)\right]=K_{\mathrm{I}}e(k)+K_{\mathrm{p}}\Delta e(k)+K_{\mathrm{d}}\Delta^2 e(k) \quad (5\text{-}2)$$

式中，K_{I} 为积分比例系数，$K_{\mathrm{I}}=K_{\mathrm{P}}T_0/T_{\mathrm{i}}$；$K_{\mathrm{d}}$ 为微分比例系数，$K_{\mathrm{d}}=K_{\mathrm{P}}T_{\mathrm{d}}/T_0$；$\Delta^2$ 为差分的平方，$\Delta^2=1-2z^{-1}+z^{-2}$。

2. 单神经元自适应 PID 控制器及其学习算法

如图 5-13 所示为单神经元自适应 PID 控制器的结构框图，被控过程和设定状态都是由转换器输入来直接反映的。假设 $y_r(k)$，输出 $y(k)$，经过自适应单神经元 PID 自主学习后转化成为状态量 x_1、x_2、x_3，系统中性能指标或递进信号为 $x_1(k)=e(k)$，$x_2(k)=\Delta e(k)$，$x_3(k)=e(k)\text{-}2e(k-1)+e(k-2)$，$z(k)=y_{\mathrm{r}}(k)-y(k)$。有 x_{i} 的加权系数 $W_{\mathrm{i}}(k)$、神经元的比例系数 K，通过关联搜索产生神经元控制信号，即

$$u(k)=u(k-1)+k\sum_{i=1}^{3}w_{\mathrm{i}}(k)x_{\mathrm{i}}(k) \quad (5\text{-}3)$$

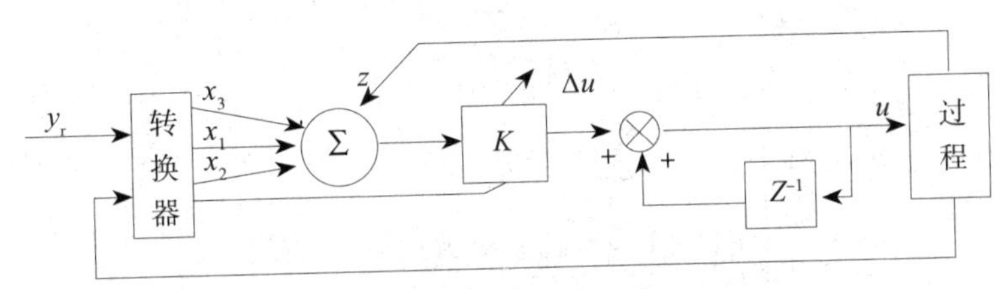

图 5-13　单神经元自适应 PID 控制器结构框图

加权系数是单神经元自适应控制器实现自适应、自组织功能的重要因素，不同的权值可实现不同功能，并且调整加权系数的过程具有与神经元输入、输出和偏差息息相关的 Hebb 学习规则，即

$$w_i(k+1)=(1-c)w_i(k)+\eta r_i(k) \quad (5\text{-}4)$$

$$r_i(k)=z(k)u(k)x_i(k) \quad (5\text{-}5)$$

式中 0，$r_{\mathrm{i}}(k)$ 为递进信号，$r_{\mathrm{i}}(k)$ 随过程进行逐渐递减；$z(k)$ 为输出误差信号，$z(k)=y_r(k)-y(k)$；η 为学习速率；c 为常数，c 大于 0。

由上述两式可得

$$\Delta w_{\mathrm{i}}(k)=w_{\mathrm{i}}(k+1)-w_{\mathrm{i}}(k)=-c\left[w_{\mathrm{i}}(k)-\frac{\eta}{c}z(k)u(k)x_{\mathrm{i}}(k)\right] \tag{5-6}$$

如果存在一函数$f_{\mathrm{i}}(w_{\mathrm{i}}(k), z(k), u(k), x_{\mathrm{i}}(k))$，则有

$$\frac{\partial f_{\mathrm{i}}}{\partial w_{\mathrm{i}}}=w_{1}(k)-\frac{\eta}{c}\gamma_{\mathrm{i}}\left(z(k), u(k), x_{\mathrm{i}}(k)\right)$$

那么

$$\Delta w_{\mathrm{i}}(k)=-c\frac{\partial f_{\mathrm{i}}(\bullet)}{\partial w_{\mathrm{i}}(k)} \tag{5-7}$$

$f(\bullet)$ 为加权系数 $w_i(k)$ 的修正函数，加权系数可向相对应的负梯度方向搜索。随机逼近理论证明 c 充分小时采用以上算法 $w_{\mathrm{i}}(k)$ 能够稳定收敛期望和偏差在允许范围内的某一数值。

为保证上述单神经元自适应 PID 控制学习算法的收敛性和鲁棒性，对上述算法进行规范化处理可得

$$\begin{cases}u(k)u(k-1)+K\sum_{i=1}^{3}w_{\mathrm{i}}'(k)x_{\mathrm{i}}(k)\\ w_{\mathrm{i}}'(k)=\dfrac{w_{\mathrm{i}}(k)}{\sum_{i=1}^{3}\left|w_{\mathrm{i}}(k)\right|}\\ w_{1}(k+1)=w_{1}(k)+\eta_{\mathrm{I}}z(k)u(k)x_{1}(k)\\ w_{2}(k+1)=w_{2}(k)+\eta_{\mathrm{p}}z(k)u(k)x_{1}(k)\\ w_{3}(k+1)=w_{3}(k)+\eta_{\mathrm{d}}z(k)u(k)x_{1}(k)\end{cases}$$

式中，$x_1(k)=e(k)$，$x_2(k)=\Delta e(k)$，$x_3(k)=e(k)-2e(k-1)+e(k-2)$。其分别为积分、比例、微分的学习速率。

由实验确定的值，分别为积分、比例、微分对应的学习速率，这样可以使其各自的加权系数能进行自适应调整。

温度控制可以由 PID 算法来自动调节固态继电器的导通周波数，并以此确定具体数值来实现温度调控。

四、软件设计

软件能够用结构化程序进行模块化设计，依据控制系统的特点和要求，其主程序框图如图 5-14 所示。软件定时器 0 中断服务程序如图 5-15 所示。

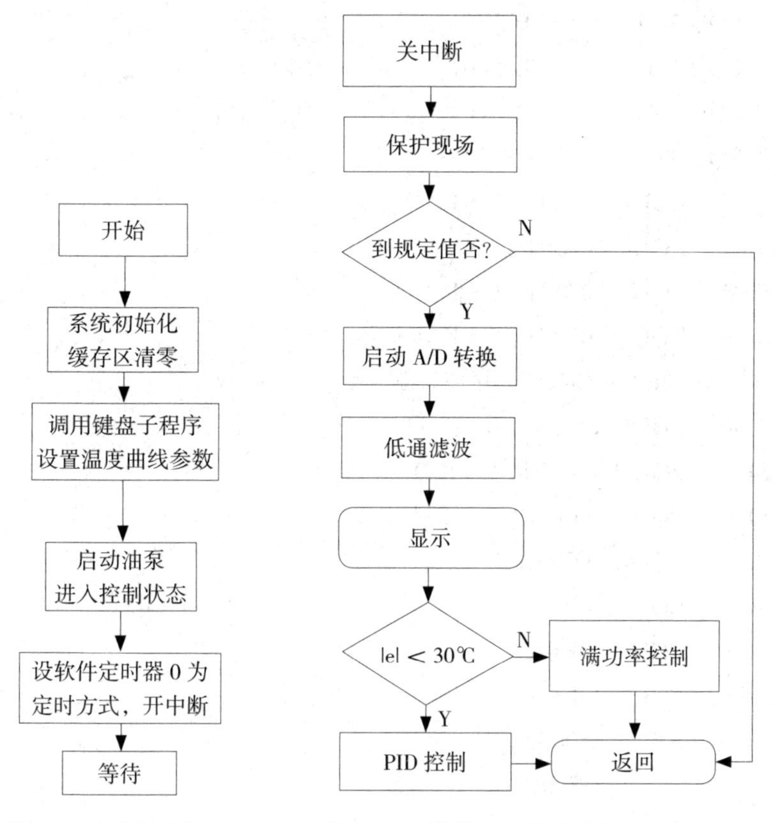

图 5-14　主程序框图　　　　图 5-15　软件定时器 0 中断服务程序流程

主程序模块：主要完成系统初始化、参数设定、数据处理等。

A/D 采样模块：完成温度及电压、电流采样。

单神经元自适应 PID 控制模块：主要完成 PID 函数计算、各参数自适应整定、固态继电器通断时间控制。

除此之外，程序模块还包括液晶显示模块、数码显示模块、数字滤波、键盘输入模块等。

程序代码如下。

```
$INCLUDE（8096.INC）
R       EQU30H          : BYTE
RI      EQU31H          : BYTE
R2      EQU32H          : BYTE
R3      EQU 33H         .BYTE
R4      EQU 34H         .BYTE
R5      EQU 35H         .BYTE
R6      EQU 36H         .BYTE
R7      EQU 37H         : BYTE
COEFUR  EQU    0A0H ; R（K）
COEFKP  EQU    0A2H ; KP
BIASEO  EQU    0A4H ; E（K）
BIASE1  EQU    0A6H ; E（K-1）
        BIASE2  EQU    0A8H ; E（K-2）
BIASPP  EQUOAAH
BIASPI  EQU    0ACH ; P（K-1）
BIAPID  EQU    OAEH ; P（K）
DATA    EQU    OBOH
DATA1   EQU    0B2H
BIASE3  EQU    0B4H
BIASE4  EQU    0B6H
CSEG    AT     2000H
               SKIP
CSEG    AT     200AH
DCWSOFINT
CSEG    AT     2018H
DCBODDH
CSEG    AT     2080H
START： DI
          LDSP，#0FOH
```

```
LDBIOC1 , #00H
            LD 98H，#0FFF3H
LD 9AH，#0FFF1H
            LDB AL，#80H
 STB AL，[98H]
LDB AL，#01H
STB AL，[9AH]
LDB AL，#30H
 LDB R1，#16H
LD BX，#7AH
 LL1：      STB AL，[BX]+
DJNZR1，LL1
 LDB R1，#3AH
 CLRBAL LD BX，#40H
LLL1：STB AL，[BX]+
DJNZ R1.LLL1
CLRBR6
 LDB R，#31H
 DISPLAY：
LCALLINI879
 LCALL DIS879
 LCALL LCDINI
 LCALL LCDDIS
GKEY：
LCALL KEY
CMPB AL，#01H
JEGKEY1
CMPB AL，#02H
 JEGKEY3
CMPB AL，#OCH
 JEGKEY2
```

```
CMPB AL，#ODH
JEGKEY4
CMPB AL，#OEH
JEGKEY5
LJMPGKEY
GKEY1：LDB BL，AL
          ADDB BL，#30H
LCALL LCDOUT
     KETTT：LCALL KEY
CMPB AL，#OBH
JNEKETTT
 SJMP GKEY01
ORB 3FH，#02H
STB 3FH，[9AH]
 SJMP DISPLAY
GKEY4：LDB 3EH，#0FFH
STB 3EH.IOPORT1
     LDB 3FH，#00H
     STB 3FH，[9AH]
SJMP DISPLAY
GKEY5：ANDB 3EH，#0F0H
STB 3EH.IOPORT1
ORB 3FH，#02H
STB 3FH，[9AH]
SJMP DISPLAY
GKEY3：
LDB BL，AL
ADDB BL，#30H
 LCALL LCDOUT
GKEY30：LCALL KEY
CMPB AL，#0BH
```

```
JNE GKEY30
 LJMP CONTRL0
GKEY01：LCALL LCDINI
 LDB BL，#84H
LCALL LCDCOM
 LDB R1，#0FH
 LD FX，#PAT_PROG
 DISP：LDB BL，[FX]+
LCALL LCDOUT
DJNZ R1，DISP
LDB BL，#0C6H
LCALL LCDCOM
LD FX，#STEP
LDB R1，#5H
STE：        LDB BL，[FX]+
LCALL LCDOUT
 DJNZ R1.STE
LDB EL，#00H
LDB DL，#00H
CLRBR5
LDB JXL，EL
 INCB EL
        LC ALL MREAD
LDB BL，HXL
ADDB BL，#30H
 LCALL LCDOUT
 KET：        LCALL KEY
CMPB AL，#OAH
 JEKER
CMPB AL，#OBH
JE LCDLN2 SJMPKET
```

```
KER：LDB BL，#0CBH
LCALL LCDCOM
KER11 ：LCALL KEY
CMPB AL，#OAH
JCKER11 INCBR5
CMPB R5，#1
 JEKER12
 DEC DL
KER12 ：STB AL，HXL
ADDB AL，#30H
 STB AL，BL
LCALL LCDOUT
LDB JXH，DL
INCB DL
CLRB HXH
 LCALL WRITE
SJMP KET
LCDLN2 ：CLRB R5
LDB DL，EL
LD FX，#START_SV
LDB R7，#09H
 LDB BL，#98H
LCALL LCDCOM
STA：LDB BL，[FX]+
LCALL LCDOUT
DJNZ R7.STA
SST：LDB JXL，EL
INCBEL
LCALL MREAD
 LDB BL，HXH
```

五、安装步骤

如图 5–16 所示为控制器的显示面板示意图，此外控制器还有控制箱部分。

其安装步骤如下。

①首先检查各部分连线是否正确无误，然后打开电源给控制器通电，并合上主电路开关，通电后在液晶显示器上显示菜单列表如图 5–17 所示。

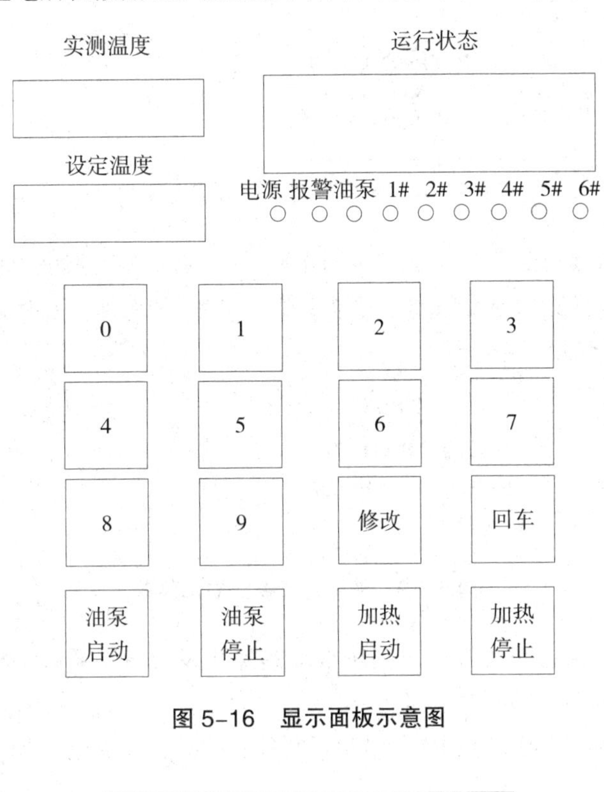

图 5–16　显示面板示意图

1. Pattern program
2. RUN
INPUT NO: □

图 5–17　控制器主菜单列表

给定温度数码管显示如下。

0	0	0.	0

实测温度数码管显示如下。

0	0	0.	0

②如果显示正常，则可以进行参数设置，如果需要修改参数，系统首先需要进入参数设置状态，按 1 键后确定，然后显示如图 5-18 所示的给定值与报警值设置菜单，接着按修改键并给定修改第一位数值，按回车键确认后出现 BSV=00□，继续按修改键进行二位值修改，直到修改完成后按回车键确认后回到主菜单，如果还需要修改可直接按回车进入下一项。

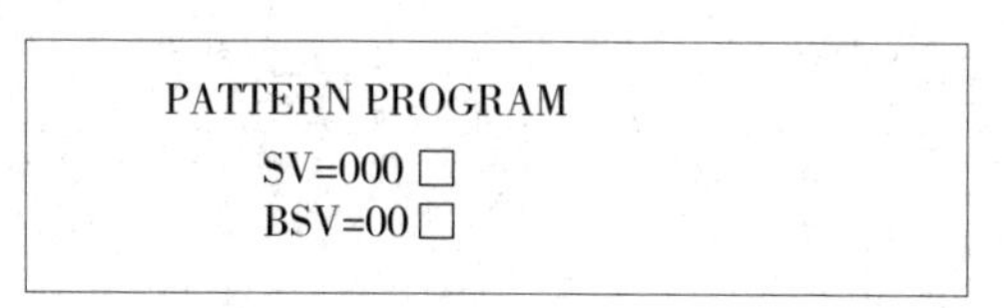

图 5-18　给定值与报警值设置菜单

③如果油泵运行正常按下 2 键后回车确认，进入系统控制。此时可以在数码管上看到预先设置好的温度值和实时温度值。如图 5-19 所示为液晶显示器上显示的系统运行参数显示菜单。

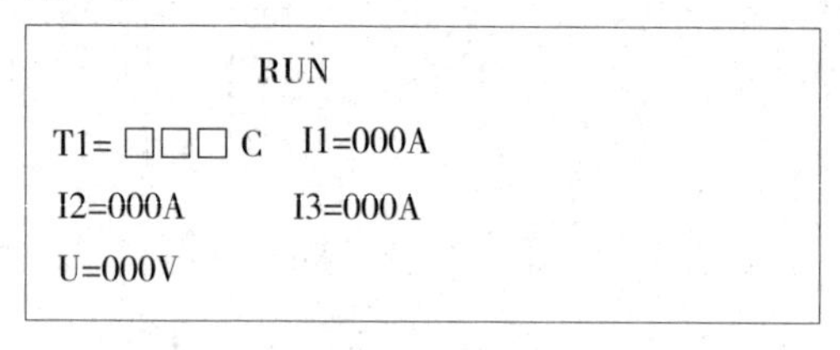

图 5-19　系统运行参数显示菜单

④如果运行状态需要被终止则按下加热停止键，然后系统会返回到主菜单，接着按下油泵停止键终止油泵工作。

⑤如果需要停机则要在操作④结束后再停止给控制器供电即可。

第二节　智能型电解水氢气发生器实例

一、概述

氢是一种完全清洁的能源燃料，可以用作汽车、飞机、火箭的燃料，并且氢气在冶金工业中往往被用作保护气和还原气体。氢气的用途十分广泛，还可以和氮合成化肥，可以冷却大型发电设备等。同时氢气的制备方法也有很多，其中最简单、最广泛的方法就是电解水产生氢气和氧气，并且这种方法得到的氢纯度很高。

电解水的电解槽一般有分离器、洗涤器、碱液过滤器，此外还需要实时压力调整设备和储气设备。

常压电解水的流程如图 5-20 所示，电解过程中氢气和氧气分别在两个电极处产生，通过运输通道向外传输并储存，电解槽的外部阻力决定了电解槽内的压力，其中常压电解主要由压力在 4 000Pa 左右的湿式初期设备决定。但通常来说常压电解压力一般为 10 000Pa，这是因为气体还需要克服分离器和洗涤器的液位阻力作用。

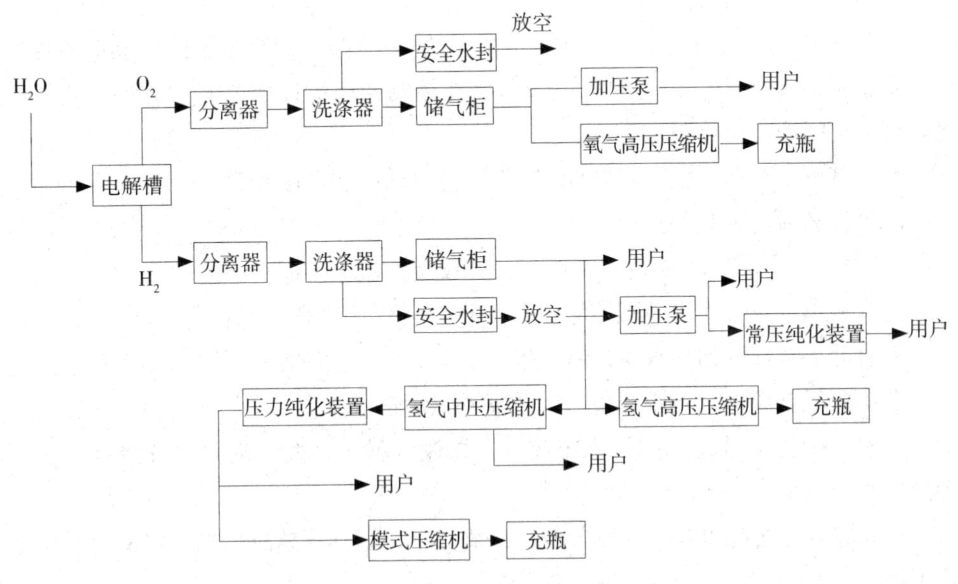

图 5-20　常压电解水工艺流程图

在对氢气的纯度要求不高时可以直接将其从储气设备中输出，随着气体的输出，储气设备里的压力可能不能再满足用户要求，此时就需要对氢气进行纯化增压，这类设备通常有常压和增压两种类型，具体需要根据要求和环境条件进行选择。此外，厂家还需要根据实际产量来决定是否需要对氢气进行增压装瓶存储，一般来说对氢气增压充瓶的设备是膜式机。

通常用晶闸管三相全波整流直流电给 PHG-A 纯氢发生器的电解槽供电，这是因为系统通过晶闸管导通角的大小可以比较精确控制供电电压。对于 PHG-A 纯氢发生器的控制系统有如下几点要求。

①要求控制系统可以实现对电解槽温度的自动调节，具体要求为65℃以下时电流随温度升高而增大，当65℃以上时电流需要保持恒定不变，并且设置温度应该在控制面板上显示。

②当电解槽的温度大于65℃时系统压力为0.9 ~ 1.0MPa，此时的电解槽电流受到压力的影响从300A减小到0，同时要求这个起降压力应可调。

③温度设定值还有35℃和75℃两点，分别控制电磁阀和整机跳闸，并且应在面板上设定。

④系统压力（H2）超过1.15MPa和低于0.2MPa时应跳闸，这两点的整定值可调，调整点应在面板上。

⑤电解系统中生成的氢气和氧气的压差为0.3MPa，如果超过这个限定系统就会自动机械跳闸泄压。二者的压力值需要在控制面板上以数值方式显示。此外还要有机械跳闸防失灵控制。

⑥当氢气的分压力低于0.8MPa时系统应自动关闭电磁阀升压。

⑦系统还应有下列保护功能。

a. 工作电流大于320A时保护跳闸，并锁定过流电流值；

b. 碱泵循环过程中出现碱液零流量故障时应及时跳闸，显示信号；

c. 自动上水部分如果水温过高或过低，系统应自动跳闸，并显示温度信息；

d. 整流元件温度过高系统应自动跳闸并显示；

e. 氧气中氢含量超标时，系统应自动跳闸并显示，此项应以百分数显示，氢含量应小于2%；

f. 电解槽的电流和电压应与标准整定值比较，当其值超过标准整定值时系统应给出报警信号；

g. 整机应有软启动方式。

控制系统的机械结构为长500mm，宽400mm，高360mm。

二、控制系统设计

根据PHG–A纯氢发生器的技术要求，控制系统选用英特尔80C196单片机作为控制核心，配备必要的外围接口电路及功放电路，其具体框图如图5–21所示。

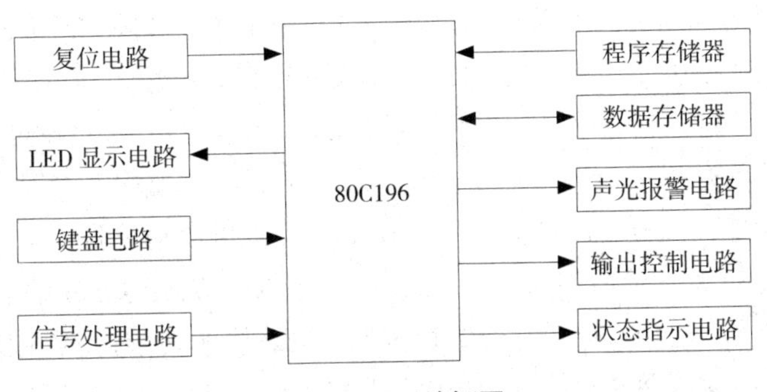

图 5-21 系统框图

英特尔 80C196 是 16 位单片机，运算速度快，指令丰富，并且它带有 8 路 10 位 A/D 转换器，因而在系统中不必再扩展 A/D 转换器。这 8 路 A/D 转换器可以完成 1 路温度信号、1 路整流电压、1 路整流电流信号、2 路压力信号的采集。

其还可以扩展一片 27128 作为程序存储器；一片 6264 存储温度曲线、各种控制参数，同时带有掉电保护，保证停电时，各项参数不会丢失。其立电路如图 5-22 所示。

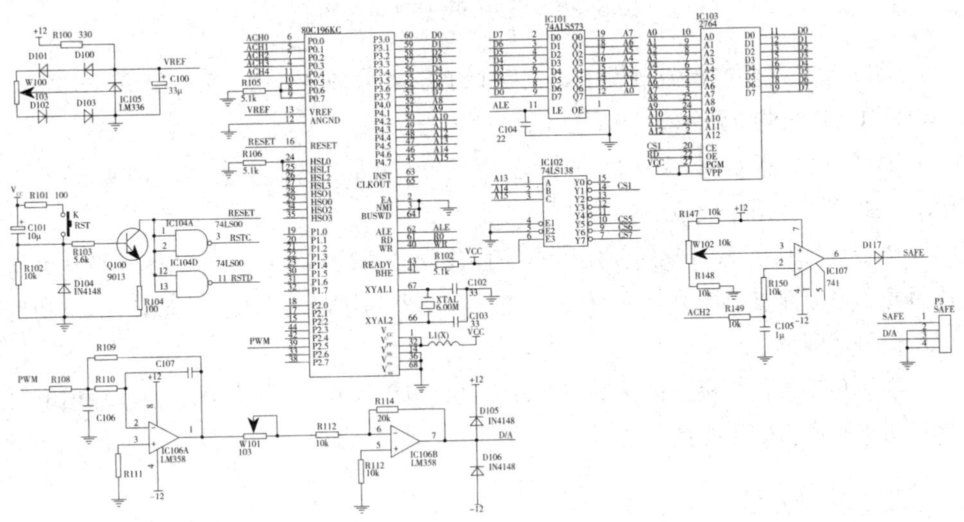

图 5-22 主电路图（电阻：欧姆）

显示与键盘的接口电路需要用一片 8279 作为拓展。系统可用数码管显示当前工作的温度、电流、电压、氢气压力及氧气压力，数码管显示共 15 位。

为了拓展输入和输出开关量的控制接口与用于各种故障信号及运行状态指示接口，该系统使用了 2 片单独的 8255 可编程并行接口芯片。其中，输入和输出控制接口有光电隔离，可通过功率驱动控制电磁阀、继电器，且允许同时检测 8 路开关信号；故障状态指示能够对当前过流、氢中氧含量、氧中氢含量、氢超压和欠压量、氢排空量、流量、高低液位等具体情况进行指示和警告，同时详细指示系统电源、1# 冷却水、2# 冷却水、水泵运行、整流输出的实时工作状态。

温度、压力、电压和电流信号都通过处理电路处理成 0 ~ 5V 的直流信号，然后传输到 80C196KB 单片机，其中压力信号处理电路如图 5–23 所示。

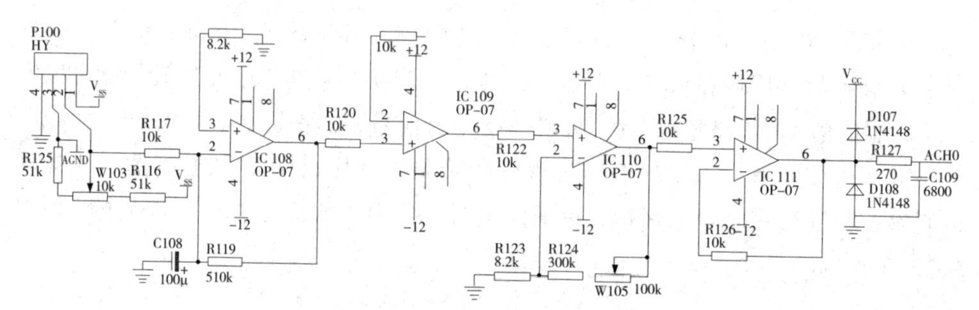

图 5–23　压力信号处理电路图

晶闸管三相全控整流触发电路的移相电压采用 ZC6，由 80C196KB 单片机的 PWM 加二阶滤波电路组成 D/A 输出 0 ~ 8V 来完成。

温度传感器是带有一体化变送器的 Pt100 热电阻传感器，测温范围为 0℃ ~ 100℃，输出信号为 0 ~ 5V。

电流、电压传感器分别使用带有一体化变送器的霍耳电流传感器和霍耳电压传感器，电流测量范围为 0 ~ 500A，电压传感器测量范围为 0 ~ 150V，标准输出电压信号范围都为 0 ~ 5V。

压力传感器使用标准的金属应变片，测量范围为 0 ~ 1.15MPa，由于输出电阻信号所以需进行信号变换。

三、控制方法

电解水来制取氢气时最常见的电解质是氢氧化钠和氢氧化钾。在电解过程中，电极的电压逐渐由 0 加到一定数值，电压较小时反应很慢，肉眼几乎看不出明显变化，但当电压达到一定程度后电流会明显增大。我们定义这个明显的电压为

水分解电压。很显然对于不同的介质有不同的分解电压。同样，如果需要的分解电压越大就说明这种物质越难电解。一般来说氢氧化钾溶液的实际水分解电压为1.67V。

此外电解率还和电解质的浓度、温度以及压力息息相关。

随着导电液温度不断升高，液体的黏度减小，分子运动阻力减小，其导电率则不断增强，电极反应更加剧烈，因此导致气体的超电压下降。其中的定量关系大概是温度升高1℃，其电压减小0.25个百分点。但与此同时温度过高会加重设备负担，逸出的气体将水汽和碱液带出导致设备遭到严重的电腐蚀。因此，电解液的温度需要有严格控制，通常不允许大于85℃，为了保证效率也不应低于80℃。

采用PID控制方法可对PHG-A纯氢发生器实现智能控制。晶闸管三相全波整流电源的整流输出电压公式如下。

$$U_{\mathrm{d}} = 1.35U_{21}\cos a \tag{5-8}$$

变压器的二次线电压为U_{21}，导通角为a。通过调节a可改变U_{d}的大小。系统采用移相触发板来控制晶闸管三相全波整流电源触发，触发板是由三片KC04集成触发器组成的。此外，移相触发板的移相电压调整a角由80C196单片机输出的电压控制，且电压范围通常为0 ~ 8V。

温度T与a的关系如下。

$$a = AT + a_0 \tag{5-9}$$

式中，A为温度的加权系数；当$T \leqslant 30$℃时，A=0.4；当30℃$< T \leqslant 50$℃时，A=0.8；当50℃$< T \leqslant 85$℃时，A=1；a_0为分解电压对应的导通角。

电流由温度控制，电流需要增大时，要求温度升高，随着温度不断升高直到65℃时，电流增大到300A。小于65℃时如果压力过大且大于0.8MPa时需要打开一号电磁阀泄压，一旦压力降低就需要关闭阀门进行储气。当电解液的温度大于65℃且压力大于0.8MPa时也要打开一号阀门泄压。另外，压力如果在0.9 ~ 1MPa可以通过减小电流的方法来调节，注意不能使压力超过1MPa。

四、软件设计

软件设计要严格按照系统要求采用模块化结构程序设计，其主程序框图如图5-24所示。

程序模块还包括指示模块、数码显示模块、数字滤波、模糊控制模块、模糊PID控制及校正模块、输出控制模块等。

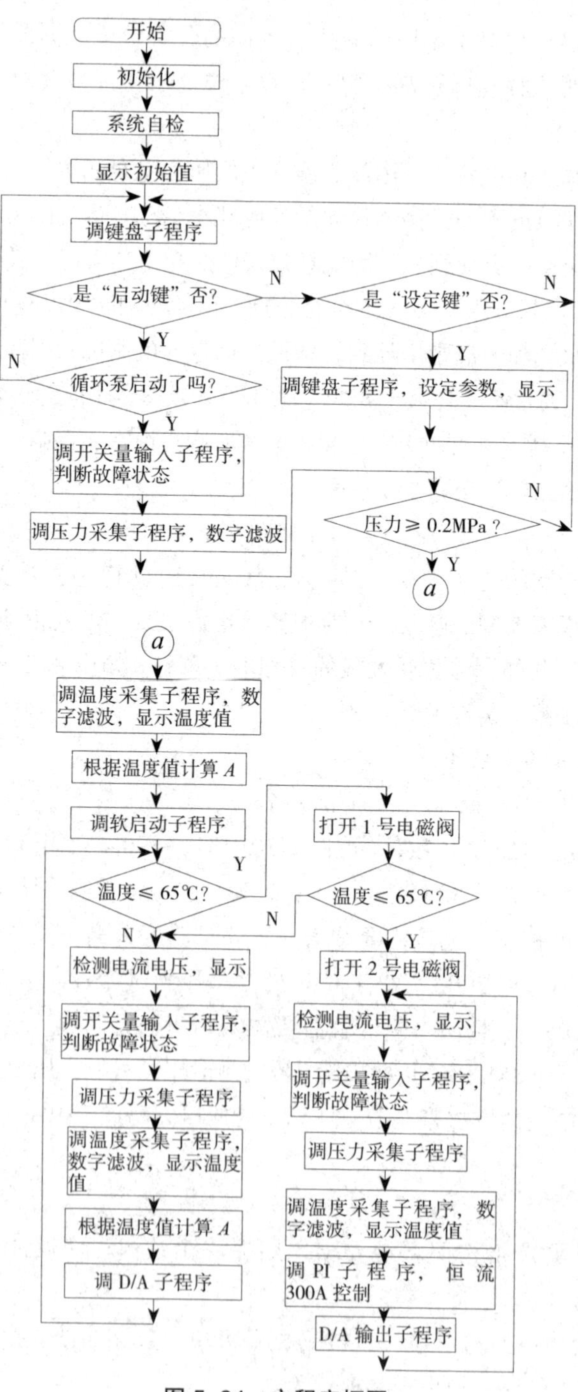

开始
初始化
系统自检
显示初始值
调键盘子程序
是“启动键”否?
N
Y
是“设定键”否?
N
Y
循环泵启动了吗?
N
Y
调键盘子程序，设定参数，显示
调开关量输入子程序，判断故障状态
调压力采集子程序，数字滤波
压力≥0.2MPa？
N
Y
a
a
调温度采集子程序，数字滤波，显示温度值
根据温度值计算 A
调软启动子程序
温度≤65℃?
Y
N
打开1号电磁阀
温度≤65℃?
N
Y
检测电流电压，显示
打开2号电磁阀
调开关量输入子程序，判断故障状态
检测电流电压，显示
调压力采集子程序
调开关量输入子程序，判断故障状态
调温度采集子程序，数字滤波，显示温度值
调压力采集子程序
根据温度值计算 A
调温度采集子程序，数字滤波，显示温度值
调 D/A 子程序
调 PI 子程序，恒流300A 控制
D/A 输出子程序

图 5-24　主程序框图

第六章　灭火智能车的原理及设计

第一节　灭火智能车应用前景

一、概述

火灾会带来不同程度上的经济损失，尤其是发生在工厂里的工业火灾具有很大程度上的突发性与破坏性，其火势不易扑灭，并且大火燃烧的过程中会释放出大量有害气体。与此同时，火灾也给消防人员的人身安全带来巨大隐患。据相关公安部门和消防部门统计，2017 年全国范围内发生的火灾造成的直接经济损失达 39.5 亿元，火灾事故合计大约 33.8 万起造成 1742 人死亡，1112 人受伤。随着科学技术发展，人工智能开始逐渐应用在灭火防火方面。最明显的就是众多工厂的厂区逐步实现了智能化控制。随着工业生产对人的依赖逐渐减小，厂区对消防措施的要求也越来越高。随着人类社会进步，人们越来越意识到生命的可贵，但是火灾还是无情夺走了很多人的生命。2015 年发生在天津的大火不仅造成了重大经济损失还给消防人员带来巨大伤害。因此，开发一种智能检测火灾隐患的智能化设备十分有必要，这可以在很大程度上降低火灾发生的可能。如果能够研发一种智能无人机进行火情巡逻，并在第一时间向相关总机报告实时情况，那将是极有意义的一件事。如果智能巡逻车还能及时对火灾隐患及火灾进行处理，那么火灾发生的可能性将大大降低。本章的主要内容就是围绕灭火智能车的运行原理进行阐述的，然后设计灭火智能车的样机，并且进行相关的样机消防实验以此来验证智能车的可行性。若将智能车运用到实际生产过程中，可以降低厂区发生火灾的可能性，减少或避免火灾中人员的伤亡。

智能车的应用前景远不止在工厂区域，其用途可根据智能车上的配载而变化，但其均可以代替人工到危险、复杂的环境中去执行任务。事实上智能化是科学技术发展趋势下的大趋势，这些智能化设备按照人们预先设计好的程序进行工作，为人们的生活和生产带来了极大便利，没有人会拒绝这种趋势。目前智能车研究工作已经在国内积极展开并取得了一定成功。

国外的智能车研究始于20世纪50年代，其研究历史比较长，大体可分为三个关键阶段。第一个阶段为20世纪50年代，这是该项目的初始研究阶段，这一时期最具代表的成果就是美国Barrett Electronics公司开发的引导车系统AGVS，这是世界上第一套自主引导车系统。第二阶段是20世纪80年代，这一时期的智能车研究成果卓越，先是美国率先成立了权威的国家自动高速公路系统联盟，简称NAHSC，随后日本成立了高速公路先进巡航还有辅助驾驶研究会。智能车从1990年开始进入系统化规模研究，进入第三个发展阶段。其中成就最高的当属美国卡内基·梅隆大学，该大学的机器人研究所一口气完成了Navlab系列的10台自主车（Navlab1到Navlab10）研究。

相比之下，我国在这一领域研究起步很晚，直到20世纪80年代才开始这方面探索，并且研究宽度不够，研究的主要内容集中在一些单项技术。尽管起步比较晚，但我国的智能车研究还是取得了一些成果，最具代表性的是2003年国防科技大学机电工程与自动化学院辅助中国第一汽车集团公司研制的国内第一台自主驾驶轿车；由南京理工大学、北京理工大学、国防科技大学、浙江大学、清华大学联合研制的配载有彩色摄像机、陀螺惯导定位器和激光雷达等装备的7（2）8军用室外自主车。

我们通过分析国内智能车发展历史不难发现其技术成果比较丰富，但很少有实用型设备真正投入市场。因此，灭火智能车研发从理论走向实用是迫在眉睫的事情，意义非凡。

二、应用目标

本书拟在国内外已有的理论科学基础上，结合现实工业需要和抢险救灾实际状况，研发一种基于单片机控制的、能广泛应用于工厂的灭火智能车。灭火智能车可利用红外感观、红外遥控技术实现不同情况下的工作模式。灭火智能车可以自动循迹运动，可以自动避开障碍物、发现并处理火源，也可以遥控运动、遥控灭火。本文首先阐明灭火智能车的灭火原理，然后设计出灭火智能车样机并进行相应的实验来验证其功能的完整性与可靠性。最后基于灭火智能车的实用化提出改进方案。

三、灭火智能车采用的技术

要设计灭火智能车的自动智能控制模块，应先在简易智能机器人的基础上修改控制单元，其通用控制单片机为STC89C52RC，用简易的电机模型车作为载体。

灭火智能车自动控制模块的具体设计过程：细化设计应用范围和要求，然后结合机电与传感器技术理论进行机电一体化设计，实现智能车的循迹运动、火情检测与处理活动，最终实现硬件与软件结合的多功能灭火智能车样机运行。简单来说，灭火智能车的设计核心目标就是要实现智能控制。

用 STC89C52RC 单片机搭载控制程序的灭火智能车的控制中心要有控制主板和车座两部分，具体包括驱动电机模块、循迹运动模块、功能避障模块、火情探测和灭火模块、电源模块和车轮部分。其电源由锂离子电池提供。其通过车载传感器实时将环境信息采集传送到信息分析的 STC89C52RC 单片机控制中心，再将控制中心处理好的信息反馈给灭火智能车的执行机构，以完成智能化自身控制的相关动作。

灭火智能车采用的技术如下。

第一，作为灭火智能车的控制中心，STC89C52RC 单片机属于 8 位机。其可以完成简单的信号分析与处理功能，通过编写单片机程序和设计电路可以完成灭火智能车的智能控制。

第二，灭火智能车要求其能在不同条件下工作，其运动、执行速度必须多变可调，因此采用 PWM 电机调速技术，基于 L293D 电机驱动芯片，与控制单片机协调运行，通过调节电流大小实现电机调速，根据具体动作要求设置速度大小。

第三，智能设备必不可少的器件就是类似人的视觉、触觉、感觉的传感器。该类型的智能车必不可少的传感器主要有循迹传感器、距离传感器、压力和温度传感器、加速度传感器、火情探测器等。

四、难点与创新

第一，选择灭火智能车的器件必须严格按照其功能进行，严格控制技术要求和制造成本。

第二，灭火智能车用传感器主要分为循迹避障传感器、火情探测传感器与执行控制检测传感器三类。本章的重点内容就是编写合理的程序，由设计优化的电路实现数据采集与数据智能处理的综合可靠运行。

第三，由于灭火智能车的灭火过程是复杂多变的，因此电机的运转速度不能持续满负荷，应采用 PWM 智能调速技术实现灭火智能车各个机构的速度控制，尤其保证灭火智能车在灭火时要有足够的时间完成相应灭火动作。

第四，作为智能车的控制核心，其核心单片机中的电路设计是至关重要的。

第五，实现精确控制的单片机也是载体，真正的核心是类似人脑处理信息的神经元——单片机程序。本书灭火智能车的控制程序采用C语言编写，以实现其运动灭火的相关功能。

第二节　灭火智能车设计规划

在正式进行方案设计之前，要先对灭火智能车的工作环境进行仔细调查，以充分了解工厂的火灾源头和火灾特点。只有根据调查的资料分析灭火智能车应该采用什么样的灭火材料、灭火方式，才能真正进入灭火智能车的设计程序，逐步实现智能车各项功能。

一、厂区火灾环境

实际的工厂火灾原因有很多，但总体可以归结为设备原因、人为原因或自然原因三类。但无论什么原因造成的火灾，都会给人们造成重大损失。表6-1中列出了一些工厂厂区火灾发生的原因。

表6-1　工厂厂区火灾发生的原因

1. 违反电气安装安全规定	①导线选用、安装不当 ②变电设备、用电设备安装不符合规定 ③没有安装避雷设备或安装不当 ④没有安装除静电设备或安装不当
2. 违反电气使用安全规定	①发生短路：导线老化、导线裸露、设备绝缘击穿 ②超负荷：电气设备超负荷、设备和导线过热起火 ③接触不良：连接松动、导线连接处有杂质、接头触点处理不当 ④其他原因：电热器接触可燃物、电气设备发热打火、静电、导线断裂、设备缺乏维修保养、仪器仪表失灵
3. 违反安全操作规定	①违章使用电焊气焊：焊割处有易燃物质、焊割有易燃物品的设备 ②违章烘烤：超温烘烤可燃设备、烘烤设备不严密、烘烤物距火源近 ③违章熬炼：超温、沸溢、熬炼物不合规定、投料差错 ④化工生产违章作业：投料差错、超温超压爆燃、冷却中断、混入杂质反应激烈、压力容器缺乏防护设施、操作严重失误

续　表

4. 人员因素	①乱扔未熄火的烟头、火柴杆或在禁止吸烟处违章吸烟 ②忘记切断电源 ③违反动火规定
5. 自燃	物品受热自燃、植物堆垛受潮自燃、煤堆自燃、化学活性物质遇空气及遇水自燃、氧化性物质与还原性物质混合自燃等
6. 自然原因	雷击起火

相比于其他地方或其他类型的火灾，厂区火灾具有以下特点。

①一旦燃起，火势蔓延很快，燃烧剧烈。

②容易形成立体燃烧。

③容易形成大面积燃烧。

④燃烧过程容易发生爆炸，因此危险性很大。

⑤具有复燃、爆炸性。

⑥火灾爆炸中毒事故多。

⑦火灾损失严重。

⑧初期火灾不易被发现。

⑨火灾扑救困难。

一般工厂多是集体财产，因此损失群体巨大，损失和伤亡严重，往往会直接焚毁厂区设备和基础设施，这些将导致直接财产损失。由于现代社会的方方面面都密切相关，所以火灾往往会造成相当严重的间接经济损失。那些特大火灾造成的间接经济损失往往是直接经济损失的数十倍甚至更高。火灾除了造成人员和财产的损失外，还会严重污染周围环境，对空气、土壤以及地下水都会造成复杂污染。

二、灭火智能车的硬件规划

设计人员以厂区火灾实际情况为背景对灭火智能车的灭火方式进行了大量试验，通过比较几种最常用的灭火方法，最终设计人员选取适合一般厂区的灭火方式——喷水灭火、泡沫灭火、风力灭火。因为厂区的电路繁多，不适合大量喷水进行灭火，否则可能会引起电线短路带来二次灾害；泡沫灭火要求灭火时精准对准火源，而且这种灭火方式主要针对人工操作，因此也不太适合灭火智能车，而且灭火智能车的泡沫携带量也是非常有限的；风力灭火适合火灾前期火势不大的情况，综合考虑灭火智能车的情况，最终确定采用风力灭火的方式。风力灭火的原理就是采用强风将火源吹灭，就像吹蜡烛一样，强风必须将整个火源包围，否则就会起到反作用。

在确定好灭火智能车的灭火方式后，为了保证设计过程高效与正确，要先确定完整、具体的设计方案或操作流程。总的来说，灭火智能车设计主要分为硬件设计和软件设计。其中，硬件设计主要指各个模块的电路设计，主要又分为灭火车底盘控制电路、电源电路板、灭火模块电路和控制电路四部分；软件设计主要针对控制程序的编写，程序在 KELL 开发环境用 C 语言编写，控制程序用 STC89C52RC 单片机来搭载。下面就以硬件设计为例介绍灭火智能车的部分设计方案。

1. 底盘功能规划

负责灭火智能车运动的底盘模块是灭火智能车的基座，起的主要作用就是支持与运动。灭火智能车其他所有功能模块都要安装在这个模块上，此外还有很多辅助电路都直接安装在基座上。灭火智能车底盘的具体作用如下。

①用来支撑灭火智能车的驱动电机。

②用于支撑灭火智能车的电源板。

③用于支撑灭火智能车的控制板。

④用于支撑灭火智能车的灭火模块。

⑤用于支撑灭火智能车的火焰探测器。

⑥电机的驱动电路位于灭火智能车底盘上。

⑦灭火智能车的循迹传感电路位于灭火智能车底盘上。

⑧灭火智能车的避障传感电路位于灭火智能车底盘上。

2. 电源板功能规划

电源模块的作用就是为灭火智能车提供工作的电能，它通过螺栓固定在底盘模块上。它可以安装四节充电式锂离子电池，电路中包含电源开关、电压转换电路等。

其主要作用如下。

①可放置四节锂离子电池为灭火智能车提供电源。

②能直接输出电池电压，并带相关的电源接口，方便对外供电。

③将电池电压转换成 5V 电源输出，并带相关电源接口，方便对外供电。

④带电源开关，控制对外供电通断。

⑤带电源指示灯。

3. 灭火模块功能规划

灭火模块是智能灭火车的灭火执行机构控制实施模块。这个模块安装在灭火智能车的头部，主要执行部件是一台风机，灭火时能产生大量强风将大火吹灭。其主要作用如下。

①安装有灭火电机和灭火风扇，灭火电机的工作电压在 3 ~ 9 V。

②具有灭火电机的驱动电路。

4. 控制板功能规划

控制板的作用就是实时掌握灭火情况并发出相应灭火指令，指导控制执行机构完成灭火工作。控制的核心载体是 STC89C52RC 单片机，主要完成的工作如下。

①控制核心是 STC89C52RC 单片机，位于智能灭火车控制板上。

②应有各种传感器信号的输入接口和控制信号的输出接口。

③自带电源电路，可以提高系统稳定性。

以上已经对各个功能模块的电路板功能进行了详细规划，设计中的传感器直接采购成品，有的传感器如加速度传感器还可以直接购置信息处理模块。按照以上功能规划设计硬件部分，可以使整个设计工作有序高效进行。

三、灭火智能车的控制程序规划

灭火智能车的控制单元是 STC89C52RC 型号的 8 位单片机。设计人员在编写控制程序前应对灭火智能车运行及功能做系统详细分析，规划信息采集、环境识别、数据处理、动作反馈系统。对控制模块的制作包括编程环境、编写语言的详细方案，为程序框图号位下一步的确切行动做好铺垫。

1. 编程语言和程序开发环境选择

鉴于 C 语言是一门相对来说比较通用的计算机语言，因此灭火智能车的控制程序用 C 语言进行编写。灭火智能车的 C 语言控制程序可由低级存储器处理，自动产生少量代码，并且不要求特殊程序运行环境。与汇编语言相比，C 语言的编译方式更加简单，结构明显，可读性和维护性强，在功能上有明显优势。目前，市场上大部分单片机程序是使用 C 语言编写的。

程序编写的软件平台为美国 Keil Software 公司出品的 Keil C51 开发环境，它是一种 C 语言兼容单片机的软件开发系统。这套系统提供了 C 语言编译器、连接器和宏汇编，还有丰富的库管理和强大的仿真调试器等完整的开发方案。总之，用 C 语言来编写智能灭火车的程序时 Keil 开发环境是最好的选择。

单片机程序烧写软件采用 STC-ISP 软件，是 STC 系列单片机的专用烧录软件。

2. 编程思路

灭火智能车的控制程序是分模块编写的，应按照不同功能模块的不同要求编写控制各个模块的程序，最后将他们统一起来协调运作。这种模块化的编写方式有利于维护与修改，不会出现一环出错其他全都要修改的情况。在编程时首先要有一个系统初始化的功能模块，其次是红外信号解码模块，再次是四个主要功能模块的程序块，最后还要编写红外遥控和追踪模块。在正式编写代码前应做好预期规划，设计总体关系图，然后按照流程指示一步一步进行。

第三节　灭火智能车硬件设计

将灭火智能车的硬件系统分为四个模块是为了使后续的编程更方便。模块化的设计思路对这种系统和综合性强的产品设计具有极大的好处和优势，不仅降低了设计的难度还提高了设计效率和设计质量。下面就分别对这四种电路板设计进行详细阐述。

一、底盘硬件电路设计

底盘硬件是整个智能灭火车的基础，其他模块都直接安装在其上。以下将从灭火智能车底盘模块的功能出发，详细讲解其设计细节。

1. 电机驱动

灭火智能车的驱动选用 4 台自带减速箱的 1B48-1416LSD6 电机，这是一种直流双轴减速电机。其特点是扭矩大，最大转速高，并且具有良好的抗电磁干扰能力。减速箱的减速比为 1 ： 48，电机的工作电压为 3 ~ 12 V。驱动电机的技术指标如表 6-2 所示。

表 6-2　驱动电机技术指标

额定电压	3 V	6 V	7.2 V
电流	≤ 170 mA	≤ 230 mA	≤ 250 mA
转速	（115 ± 10%）r/min	（255 ± 10%）r/min	（320 ± 10%）r/min

灭火智能车的电源是 4 节充电式锂离子电池，电压范围为 7 ~ 8.4 V，但电机需要减速，因此加载在电机两端的电压是比供电略低但在电机工作范围的电压。具体电压值根据环境不同由控制程序具体控制。

驱动电机直接固定在底盘上，安装时考虑灭火智能车的运动特性应当十分注意安装配合度，此外在条件允许和功能实现的基础上不应安装固定板，以减轻车载质量。

由于通过单片机的电流不能过大，所以从控制系统出来的电流信号不能直接作为电机驱动，需要经过驱动模块的放大电路，将电流放大后再供给到电机。本书设计的灭火智能车选用 L293D 型号的 4 通道电机驱动芯片，这是一种适用于单片机的高电压电流电机。与其连接的是 DTL 或 TTL 逻辑电平，用以驱动继电线圈、DC、步进电机驱动芯片及功率晶体管的开关。L293D 具有以下特性。

①单个通道的电流输出达 600 mA。

②单个通道的电流峰值输出达 1.2 A。

③便于使用。

④有过温自保护。

⑤逻辑“0”输入电压高达 1.5 V，具有高抗噪特性。

⑥内置钳位二极管。

通用的电机驱动芯片 L293D 只有 4 个通道，而每个电机需要 2 个通道，因此 4 个电机需要 2 个驱动芯片。底盘上的驱动电路模块应当根据 L293D 芯片的特点来设计控制电路。

灭火智能车在处理火情时循迹运动速度应该适当降低，并且应该依据实际情况作出姿态调整，因此不同情况下的循迹速度也是不同的，尤其在反应过程中，如果循迹速度过快，执行机构将没有足够时间完成相应的处理动作。

灭火智能车采用脉宽调制（PWM）的办法来控制电机转速，从而达到精确控制智能灭火车的速度的目的。具体情况下，控制系统让电源以一定的频率、非连续向直流电机供电。

设计人员可以运用不同占空比的方波信号来控制直流电机通断电以达到调速作用。电机的本质就是一个电感，具有阻碍电流、电压突变的特性，这种瞬时的脉冲信号被均分到了时间上。

因此，通过改变 L293D 始能端输入 EN1 和 EN2 上方波的占空比就可以实现改变电机两端电压差，最后实现对直流电机转速调节。

通常电路中用单片机实现脉宽调制的方法有软件控制和硬件控制两种。

①用软件方式来实现。这种方法以编写源程序并将其封装成可执行 exe 文件为核心，通过设置相应延时时间来调节方波型号的占空比，智能调节 L293D 始能端 EN1 和 EN2 上的脉冲信号。

②用硬件方式实现。这种方法执行起来比较麻烦，首先要选用不占用 CPU 内存的处理芯片，然后用脉冲方波持续时间或者说是脉冲宽度来调节其在周期中的比例，进而实现调速控制。

本书的具体做法是采用不具备硬件 PWM 波形发生器的 STC89C52RC 芯片来产生固定占空比的脉冲信号，以此调节脉冲时间。这种用定时器中断的方式比软件控制产生延迟效应要更有效率，可以大大提高灭火智能车的反应能力。

2. 循迹模块

循迹模块电路设计的基本原理就是红外线反射的特性——物体的颜色越浅对红外线的反射作用越强。在灭火智能车的底盘前端可以安装一对红外线发射接收管，地面铺设的循迹轨道线就位于这一对红外线发射接收管的中间。这样轨迹与地面的其他部分颜色深度不同，灭火智能车循迹过程中如果发生偏移，两个红外线接收管就会接收到相关信号。接收的信号不一致，系统就会对此作出纠正反应，从而保证灭火智能车的运动不会偏离预定轨迹。

具体实现时要用到 LM324 与电位器，红外线在白色物体上反射回来的量较大，因此电压较高，与之对应的黑色物体反射量很少，因此电压就低，所以接收到的电压信号会输送到 LM324，然后和电位器的电压输出进行比较，并且这个电压还可以用电位器直接调整。因此，设置合适的电位器电压可以使白色物体反射的信号对应的电压输出为低电平，此时信号二极管发出红光，而对黑色物体的反射信号输出高电平，二极管熄灭，表示灭火智能车运动轨迹有所偏离，此时需要做出相应调整。单片机就是根据这种情况来了解运动环境并及时进行调整的。

使用灭火智能车之前需要对其循迹模块的电路灵敏度进行测试和调节。首先顺时针调节电位器 R18 来调节左侧红外线信号的强度，以提高灵敏度，与此对应的逆时针旋转将降低灵敏度。接收到的红外线信号不强或没有接收到信号时发光二极管 D6 将熄灭，表明轨迹偏离；反之如果智能灭火车接收到一定强度的红外线信号，发光二极管恢复正常发光，表示循迹正常。

同理，可用电位器 R29 调节右侧的红外线信号，与前者相同，顺时针调节电位器将提高灵敏度，接受的红外线反射信号小于某强度或没有接收到时，二极管 D7 将熄灭，如果接收到一定强度的红外线信号 D7 将恢复发光。

3. 避障电路

智能灭火车的底盘避障电路利用了红外线反射的另一个特点——越远处反射信号越弱，越近处反射信号越强。灭火智能车底盘前端上方的两边分别安装有用于避障的红外线发射与接收管，如果前方有障碍物，反射信号就会很强，系统就以此判断有障碍物然后调整运动轨迹，并且设计人员能依据灭火智能车的工作速度自主设定其躲避一定距离的障碍物，这一点可以通过设置不同距离反射信号强度所输出的电压来精确控制。通常来说，速度越快，认为有障碍物的最小距离就应该越大，这样灭火智能车就有足够的时间调整轨迹。

具体避障实现原理同循迹一样，灭火智能车接收到近距离的红外线信号强烈，红外线接收管的电压就会较高，因此将这个电压传送到 LM324 中与电位器的设置电压比较，根据比较结果输出相应的或低或高的电压值，这样可以反复测试和调整，找到一定速度范围内所对应的电压值。比如，在障碍范围内设置输出低电压值，对应的二极管的状态为发光，表明前方有障碍物，系统就会进行相应避障轨迹调整；反之，在远离障碍物距离的范围输出大电压值，二极管熄灭，表明前方安全无障碍。控制系统单片机就是根据 LM324 输出的电平状态实时了解周围环境、判断灭火智能车前方或后方是否有障碍物的。如果检测到灭火智能车前方或后方有障碍物，灭火智能车就会做出规避动作，从而实现灭火智能车的避障运动。

灭火智能车使用之前需要对避障电路进行仔细测试和调整。其与循迹检测调整操作程序一致，先通过调节左侧的 R28 电位器改变左侧红外线信号的强弱，同样是顺时针调节将提高灵敏度，即加大监测距离，此时适合车速较大的情况；反之，逆时针调节电位器将减小检测距离，这种情况适用于车速较小的情况。如果提示灯接收的信号弱则二极管 D8 不亮，反之接到一定强度的信号二极管将发光，同时表明有障碍，此时系统将对运动轨迹做出调整以避开障碍物。然后通过调节右侧 R17 电位器调节右侧红外线信号强弱，和左侧调节一样，顺时针是增大检测距离，反之是减小检测距离。同样也是没有收到信号或信号弱于某个强度值则二极管 D9 将熄灭，表示前方安全无障碍物；如果接收到较强信号则二极管发光，表明前方有障碍，需要采取避障措施，调整运动轨迹。

4. 电源电压转换

由于锂电池电源电压大于 5 V，但为了便于控制和简化电路，灭火智能车底盘的电机驱动、循迹传感、避障传感等电路的电源电压均为统一的 5 V，因此要对电源电压进行变压转换到 5 V 后再供给到以上电路。本书采用三端稳压电源芯片——

7805 电源芯片控制电压。这种芯片的外围元件极少并且芯片内部自带过流、过热保护，可调电流自动保护电路。因此，这种芯片十分可靠、方便，此外由于价格相对便宜，性价比很高。如图 6-1 所示为电源电压转换电路设计示意图。

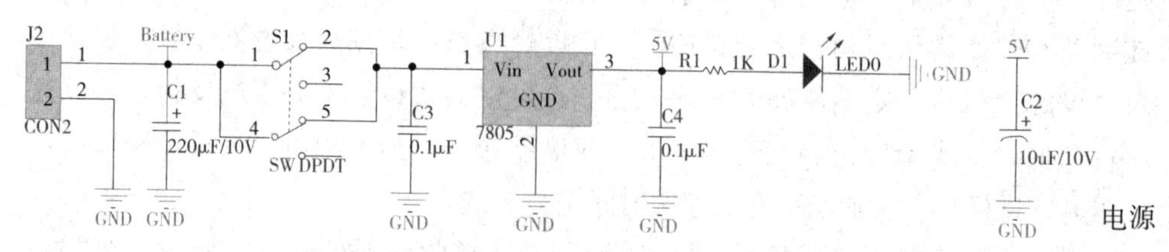

图 6–1 电源电压转换电路设计示意图

其中 S1 是电源开关，按下后导通，将电池电源接入到 7805 的输入端，7805 经过电压转换后可输出 5 V 电源。发光二极管 D1 是电源指示灯，当电源电压转换芯片有 5 V 输出时 D1 被点亮。

二、控制板设计

控制板是智能灭火车的核心，就如同人的大脑一样对传感器端采集到的实时环境信息进行分析，然后通过计算判断给出反馈信号并将其发送到执行机构。这些传到控制器的信号种类繁多，红外遥控、循迹传感、避障传感和火焰探测等信号只是其中最主要的，此外还有温度、速度、环境湿度和风机相关工况监控等。控制系统的核心单片机型号为 8 位 STC89C52RC。控制板上有单片机最小系统、电源转换电路、红外遥控信号接收电路及蜂鸣器电路。下面就介绍灭火智能车控制板的具体设计过程。

（一）单片机最小系统

一个单片机能运行，只有单片机是不行的，还需要一些其他的辅助器件来构成单片机最小系统。单片机最小系统是指用最少的元件组成的单片机可以工作的系统，其包括单片机、晶振电路、复位电路和电源。图 6-2 就是灭火智能车上控制板的单片机最小系统。

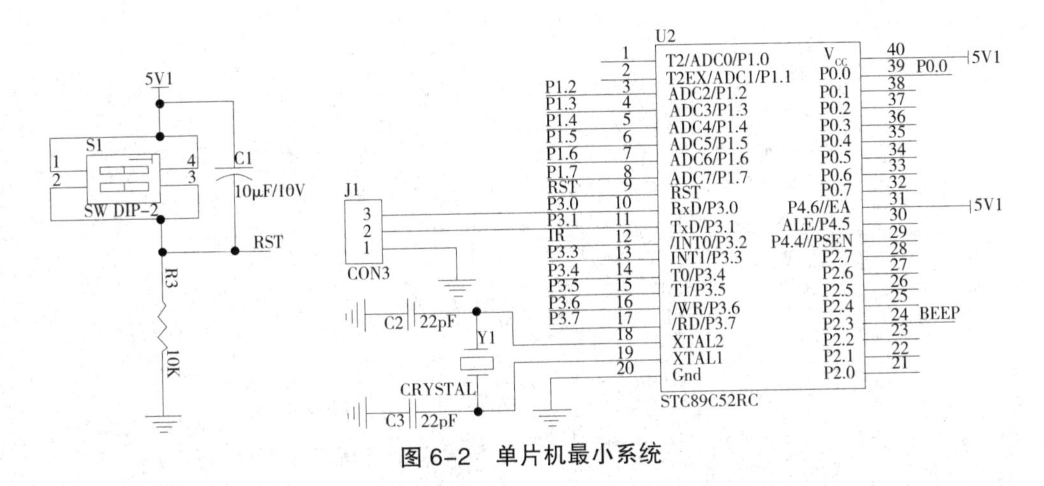

图 6-2　单片机最小系统

为了满足单片机工作需要，还需要设计晶振电路和复位电路来辅助单片机单元。此外，系统还需要专门电压范围的电源给单片机供电。单片机的供电电压也是 5 V，其他模块的大部分电路电压也是 5 V，为的就是与单片机的供电保持电压一致，这样就可以方便设计电压转换电路。S1 键是单片机的复位键，按下复位键时单片机复位。晶振电路中无源晶体的频率为 11.059 2M。当系统搭载上预先写好的单片机程序时，控制系统就可以工作了。

作为微型机的主要分支，单片机普遍在工业、商业和生活产品中使用。这类微处理器的结构特点是将 CPU 和存储器集成在一起，现在还集成了定时器和输入输出接口，在这样一个集成电路系统中，其能实现很多功能，事实上这样一个大规模的集成芯片就相当于一台计算机。随着生活、生产的智能化发展，单片机控制无疑是人们追求的目标之一，它所给人带来的方便也是不可否定的。宏晶科技推出的 STC89C52RC 单片机是一种具有超强抗干扰、高速且低功耗的芯片。这种单片机的指令代码与传统 8051 单片机完全兼容，此外还有 6 和 12 时钟 / 机器周期的信号供用户自由选择。

1. 单片机组成

单片机组成很简单，其内部包括为数据交换时提供数据物理地址的地址总线、联系 CPU 与存储器或 I/O 接口的数据总线和控制 CPU 发出或接入的信号控制总线。单片机内通过地址总线、数据总线和控制总线将各个硬件部分的功能单元连接在一起，并协调它们的工作，以实现单片机的各种功能。单片机的组成结构如图 6-3 所示。

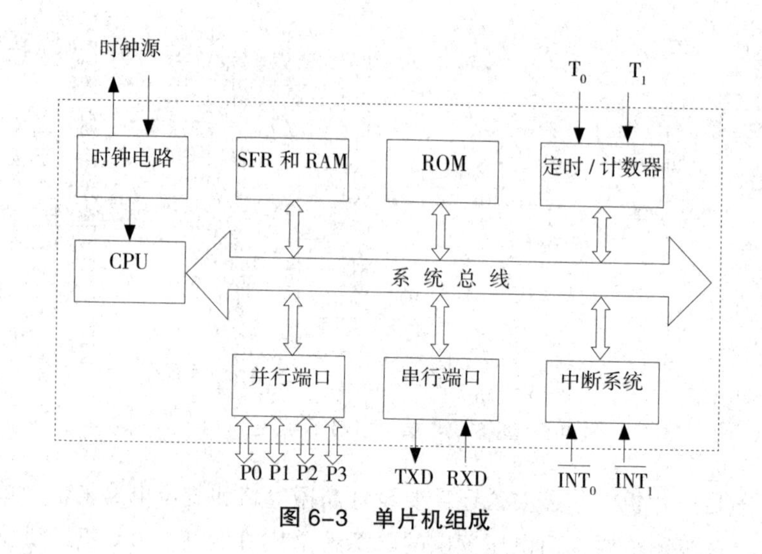

图 6-3 单片机组成

一般单片机中都有 CPU、时钟电路、特殊功能寄存器（SFR）、RAM、ROM、定时 / 计数器、并行端口、串行端口、中断系统等。有的单片机为了进行功能扩展，还有 EEPROM、AD/DA、SPI 总线接口等。在灭火智能车中，我们并不需要用到单片机的所有资源，该系统主要用到了单片机的定时器 0 和外部中断 0。

2. 单片机特点

单片机上往往集成了很多复杂的电路，因此要求其具有良好的散热性能。单片机材料通常采用导体材料，性价比高，具有以下特点。

①集成度高、体积小、有很高的可靠性。一块不足 $10cm^2$ 的薄板上集成了成千上万条电路，复杂的总线布置减少了芯片与芯片之间的连接，可以大大提高单片机的抗干扰能力。此外，由于集成芯片体积小，其磁场屏蔽防护非常方便。这些特点使单片机很适合比较恶劣的工作环境，并在工业领域得到了广泛应用。

②控制功能强。由于单片机需要实现相应的功能，所以其指令系统中包含了很多转移指令和逻辑操作等微处理功能，并且其逻辑操作性能比同一档次的微型计算机要高许多。

③由于高度集成，体积小，单片机的能耗低、电压要求低，且便于生产和携带。

④拥有典型的系统扩展和系统配置。现阶段单片机已经发展成规范化的元件，能够很方便地运用到各种应用模块或系统中。

3. STC89C52RC 单片机介绍

灭火智能车上用的单片机型号是STC89C52RC，是增强型的8051体系单片机。5V 单片机的工作电压范围为 3.3 ~ 5.5V,3V 单片机的工作电压范围为 2.0 ~ 3.8V；它们的工作频率都在 0.40 MHz。单片机上集成了 512 个字节，用户程序空间为 8KB，32 个通用 I/O 接口，复位后 P1、P2、P3 和 P4 都是准双向接口或弱上拉。其中，P0 接口不用加上拉电阻而作为总线扩展时用的是漏极开路输出，P0 接口作为I/O接口时需加上拉电阻。单片机中集成了 T0、Tl 和 T2 三个 16 位定时器。此外，外部中断有 4 路，电平低或者下降沿可触发中断。异步串行口有两种可选，一种是通用工业级异步串行口（UART），其工作温度范围在 -40℃ ~ 85℃；另一种是商业级异步串行口，其温度范围是 0℃ ~ 75℃。

从技术指标来看，STC89C52RC 单片机完全满足灭火智能车的需求，故在本书中选用 STC89C52RC 作为灭火智能车的控制核心。

（二）控制板红外遥控信号接收电路

灭火智能车用先进的控制方式进行远距离遥控，既保证了消防人员人身安全，又保证了灭火的效率。远程遥控器，采用远红外技术，根据红外线在不同状态下的性质，将红外信号转变为数值编码信号。这种控制方式需要控制硬件具有接收和编码红外信号的能力。灭火智能车可在控制板上加装红外接收装置 VS1838，在采用这种接收装置的情况下，可以简化操作流程，减少操作带来的麻烦。

在现行的市场上，根据红外线的特点，红外线方式处理信号的方式一般采用 NEC 协议的编码规则，这种编码的主要特点如下。

① 8 位地址码，8 位命令码。

②完整发射两次地址码和命令码，以提高可靠性。

③脉冲时间长短调制方式。

④ 438 kHz 载波频率。

⑤位时间为 1.12 ms 或 2.25 ms。

调制过程如下。

NEC 协议的解码过程需要依据脉冲时间的长短。频率为 38 kHz 的脉冲载波脉冲时间为 560 us，大约为 21 个周期。逻辑“0”的脉冲时间为 12 ms；逻辑“1”脉冲时间为 2.25 ms。推荐的载波周期为 1/4 或者 1/3。

通信协议如下。

规定低位首先发送，且地址码为“59”、命令码为“16”，信息发送用于调节红外接收器增益的自动增益控制——9 msAGC 的高电平脉冲、4.5 ms 低电平、地址码和命令码。需要注意的是地址码和命令码发送都是两次，并且第二次为第一次的反码，这样做的目的是确保信息准确无误。由于每位都发送一次与之对应的反码，无论反码是 1 还是 0，其总体发送时间是它及其反码发送时间总和，这个时间是保持恒定的。

（三）控制板蜂鸣器电路

为了确保使用的安全性，在目前市场上流通的灭火车普遍安装了具有按键提示音的设备，一方面防止失误操作产生严重后果，另一方面也可以起到灭火车工作状态的提示作用。在本次研究中，调查发现，采用蜂鸣器这种常用设备效果比较理想。在设计电路板结构中，单片机的驱动方式常常采用驱动电路，因为其上的管脚无法直接采用电信号为蜂鸣器提供驱动。因此，本书采用扩大电流的方式增大单片机电流，进而为蜂鸣器提供动力来源。其工作原理为，工作中单片机的作用为控制整个电路系统的接通或者断开，晶体管的主要作用为放大来自单片机的电流，提高驱动蜂鸣器的电流动力。

（四）控制板电源转换电路

控制板是控制系统各个结构安装的位置，也是控制系统的主要载体。控制板的电力直接从电源板中取得，而电源板上的电流为直流电，并且来自锂电池，因此不能直接作为单片机驱动来源，所以在设计中采用电源转换器 7850。这种转换器可以将锂电池的直流电转化为 5V，以此驱动单片机结构。

三、电源板设计

电源是灭火智能车的动力来源。本次设计中采用电源板的结构形式，在电源板中安装四节采用两排两列形式安装的锂电池，充电过程为正极脱嵌 Li^+，经电解在负极富集，放电过程与此相反。因此，使用过程中 Li^+ 在两个电极之间往返。这种电池是现代高性能电池的典型，其电极材料含有锂元素。本书中的灭火智能车使用的锂离子电池型号为 14 500，其容量为 1 200 mAh，最大电压为 4.2V。

在设计中为了加强供电系统的稳定性，本次研究采用不同结构单独供电的模式，防止一个系统的供电发生故障造成其他系统不能稳定工作，以降低隐患的发生概率，提高使用的安全性。例如，在控制板的供电中，其电流来源和底盘的电流并不属于同一个。虽然底盘和控制板均采用 5V 的供电方式，两者的电力来源都是电磁，但是前者的电压电流转换在底盘上进行，后者的电压转换直接在电磁板上进行，在转换过程中采用的电压转换装置也相同，但位置不同，因此直接的电流来源也不同。

在电源板中，不同的接口一般对不同的部位进行单独供电和驱动。在本次设计中，J3 接口直接为底盘提供电力驱动；J4 ～ J7 都提供 5V 电压，其中 4 和 7 分别为正负极，5 和 6 主要起备用作用，以备以后的维护和升级改造等要求。

四、灭火板设计

本次研究采用环保的风力作为灭火的材料。设计中采用电机驱动方式，电动风机借助高压高速的风能降低着火点的温度和氧气含量，达到灭火目的。经过计算，确定采用 130 电机驱动形式，电机的控制系统主要采用继电器控制方式，并以此为基础进行扩展。

第四节　控制程序设计

在灭火智能车的设计中程序设计是其中极其重要的一环，程序设计是控制系统的基础，只有编写出正确的控制程序，结合正确的电路设计才能使得整个系统成为一个工作有序的整体，使其能有条不紊工作，并发挥出设备的最大潜能。本次研究程序编写语言采用的为 C51 程序语言，并且在 Keil 编译环境中进行程序设计工作。

一、C51 简介

在单片机中运行的 C51 程序是 C 语言程序的一个子分支，其编写模式和 C 语言有很多相同点，因此其编写有很强的结构性，并且学习方便快捷，即使其运行的环境与 C 语言化的运行环境不同，但是它的语言和汇编语言相似，易于操作和修改完善。因此，在本次研究中，采用 C51 程序设计语言进行单片机编程设计。目前，在市场上的单片机程序设计中，C51 语言的引用相当普遍。

二、Keil 简介

51 系列兼容单片机 C 语言软件开发系统是美国 Keil Software 公司出品的，在此平台上可以开发 Keil 单片机程序。这个语言软件开发程序系统通过 μVision 这个集成开发环境将 C 编译器、连接器、宏汇编、库管理和仿真调试器组合到一起，且仿真调试器的功能十分强大。

Keil 单片机程序开发环境的使用也非常方便、易学，其自动生成的目标代码相比其他语言具有非常高的效率，且其汇编代码很紧凑，十分容易理解。

三、STC-ISP 简介

STC-ISP 是国内宏晶公司设计开发的专门进行单片机程序设计的软件，其操作方便，省去了大量流程，并且包含了所有的设计基本模块，其价格也相对比较便宜，从而大大减少了程序设计的成本问题，并且其能够对市场上流通的单片机进行开发编译，大大减少了其他附件和空间与时间成本。目前，该类型的编译软件已经在市场上被广泛接受。

四、控制程序模块

在进行过单片机程序设计软件的选择和编译所需要的语言选择之后，程序设计的前奏流程就基本完成。在进行程序设计时，目前普遍采用分块编写方式进行模块化设计。采用这种设计方式，一方面可以提高设计的可读性，使设计人员和使用人员能够对各个子程序和整个程序进行充分理解；另一方面可以提高编写效率，可以同时进行多个模块的编写，大大节省了程序设计的时间成本，并且使用模块化的方式还能提高程序的可移植性。同时，模块设计模式中，可以对特定功能的模块进行封装，便于日后对其进行管理和修改维护。以下是灭火智能车电机转动控制程序模块的主要特点和基本功能。

灭火智能车驱动电机是用芯片 L293D 来驱动的。程序控制电机转动的时候实际上就是通过控制 L293D 输入管脚上的电平来控制 L293D 输出通道上的电流方向和大小以达到控制电机转速与转向的目的。

1. 灭火智能车电机转向控制

灭火智能车控制程序代码与电机转向控制有关的函数有 forward（void）; back（void）; stop（void）; left_turn（void）; right_turn（void）; 在这里对比 forward（void）函数和 back（void）函数来介绍电机转动方向控制方法。

```
voidforward（void）    // 智能小车前进
{
    IN1=0 ;
```

```
    IN2=1 ;             // 左车轮的正转
    IN3=0 ;
    IN4=1 ;             // 右车轮的正转
}
Void back（void）       // 智能小车后退
{
    IN1=1 ;
    IN2=0 ;             // 左车轮的反转
    IN3=1 ;
    IN4=0 ;             // 右车轮的反转
}
```

程序代码中的IN1和IN2是用来控制L293D通道1的电流方向，而IN3和IN4是用来控制L293D通道2的电流方向。程序中将IN1的电平设置成低电平而将IN2的电平设置成高电平那么电机1正转，同理将IN3的电平设置成低电平而将IN4的电平设置成高电平那么电机2正转，这样两个电机都正转，灭火智能车就前进了。反之，将IN1的电平设置成高电平而将IN2的电平设置成低电平那么电机1反转，同理将IN3的电平设置成高电平而将IN4的电平设置成低电平那么电机2反转，这样两个电机都反转，灭火智能车就后退了。

2. 灭火智能车电机转速的控制

灭火智能车电机的转速采用PWM技术，即通过调节加在L293D的EN1和EN2管脚上信号的占空比达到控制电机转速的目的，进而控制灭火智能车的运动速度。相关的代码有TIMERinit（void）和tim0_isr（void）interrupt 1 using 1。

```
Void TIMERinit（void）      // 定时器0初始化
{
TMOD=0x02 ;                 // 定时器0工作方式2
THO=0x00 ;                  // 初始值
TLO=0x00 ;                  // 初始化值
ETO=1 ;                     // 开中断
TRO=1 ;
}
```

函数TIMERinit（void）是定时器0初始化函数。它设置好了定时器0的计数周期为0.278ms，也就是每隔0.278ms会触发一次定时器0中断，并执行定时器0中断处理函数。

```
Void tim0_isr（void）interrupt 1 using 1
{
    irtime++；                    // 用于计数两个下降沿之间的时间
    value++；
    if（value <=20）
{
    if（value <=8）
    {EN1=1；EN2=1；}
    else
    {EN1=0；EN2=0；}
}
else
{value=0；}
}
```

函数tim0_isr（void）interrupt 1 using 1为定时器0中断处理函数，每隔0.278ms执行一次。每执行一次中断处理函数，变量value都加1，加到20后清零。在value小于等于8的情况下EN1和EN2为高电平，这时L293D的两个通道为打开状态，在9到20之间EN1和EN2为低电平，这时L293D的两个通道为关闭状态。可以通过调节语句“if（value<=8）”中的数值，比如将8改成9，来控制通道打开时间，进而控制电机转速，达到控制灭火智能车的运动速度的目的。

3. 红外遥控解码处理

对灭火智能车进行红外遥控时，操作人员按下红外遥控器上控制按键，红外遥控器就发出红外编码，这些红外编码被灭火智能车控制板上的红外接收管接收到后，单片机对这些红外编码进行解码以判断接收到的是什么控制指令。与红外解码相关的函数有TIMERinit（void）；EX0_init（void）；tim0_isr（void）interrupt 1 using 1；EX0_ISR（void）interrupt0；Ircordpro（void）；Ir_work（void）。

红外遥控解码也用到了定时器0中断，TIMERinit（void）是定时器0初始化函数，上面已经介绍过在此就不再赘述。

```
Void EX0-init（void）
{
IT0=1；                                    // 指定外部中断 0 下降沿触发
EX0=1；                                    // 使能外部中断
EA=1；                                     // 开总中断
}
```

单片机管脚（INT0/P3.2）是单片机的外部中断信号管脚，在灭火智能车控制板中是接红外信号接收管的信号管脚。EX0-init（void）是外部中断 0 初始化函数，经过初始化后单片机管脚（INT0/P3.2）上出现下降沿从而触发外部中断。当红外信号接收管接收到红外编码时就会触发单片机的外部中断并执行外部中断处理函数。

```
void tim0_isr（void）interrupt 1using1
{
irtime++；                          // 用于计数两个下降沿之间的时间
value++；
if（value<=20）
    {
    if（value<=8）
    {EN1=1；EN2=1；}
    else
    {EN1=0；EN2=0；}
    }
else
{value=0}；
}
```

在定时器 0 中断处理函数中，每发生一次中断变量 irtime 就自动加 1，也就是每隔 0.278ms 其就自动加 1。变量 irtime 一般用来计量红外编码脉冲的持续时间。

```
Void EX0_ISR（void）interrupt 0        // 外部中断 0 服务函数
{
static unsigned chari；                  // 接收红外信号处理
static bit startflag；                   // 是否开始处理标志位
```

```
if（startflag）
    {
    if（irtime < 63&&irtime > =33）//引导码 TC9012 的头码，9ms+4.5msi=0
    IRdata[i]=irtime;                  // 存储每个电平的持续时间，用于以后判
                                         断是 0 还是 1irtime=0
    i++;
    if（i==33）{IR_ok=1; i=0; }
    }
    else
    {irtime=0; startflag=1; }
}
```

灭火智能车控制板上的红外信号接收管输出的信号脉冲会触发单片机的外部中断 0 中断，并执行外部中断 0 的中断处理函数。外部中断 0 中断处理函数的作用是记录红外信号接收管输出信号脉冲持续的时间，并通过语句 IRdata[i]=irtime 将它存放在数组 IRdata[i] 中，用于以后判断是 0 还是 1。

```
Void Ircordpro（void）        // 红外码值处理函数
unsigned chari, j, k; unsigned charcord, value; k=1;
for（i=0; i<4; i++）
{
    for（j=1; j<=8; j++）
    {
    cord=IRdata[k]; if（cord>6）value|=0x80; if（j<8）
    {value"=1; }
    k++;
    }
    IRpro_ok=1                              // 处理完毕标志位置
}
```

上文讲到，程序已经将红外信号接收管输出信号脉冲持续的时间通过语句 IRdata[i]=irtime 存放在数组 IRdata[i] 中，用于以后判断是 0 还是 1（需要着重指出的是这个脉冲持续的时间长短是以脉冲持续的时间段内发生的定时器 0 中断次数来体现的，定时器每 0.278ms 发生一次中断）。那么 Ircordpro（void）函数就是

依据这些脉冲持续时间的长短，判断将它们还原成是 0 还是 1。通过函数 Ircordpro（void）进行解码后，单片机就可以知道灭火智能车的操作人员按下的是红外遥控器上的什么按键。

完成红外遥控信号的解码后，灭火智能车依照红外遥控器发出的指令进行相关的动作。Ir_work（void）函数就是依照 Ircordpro（void）函数解码后得到的遥控指令而进行灭火智能车控制。为了达到这一目的，我们事前做出了如下的约定，也称为通信协议。

操作人员按下遥控器上的数值键 1 时对应的码值是 0x0C，这时控制灭火智能车进行红外避障运动；

操作人员按下遥控器上的数值键 2 时对应的码值是 0x18，这时控制灭火智能车前进；

操作人员按下遥控器上的数值键 3 时对应的码值是 0x5e，这时控制灭火智能车进行红外跟随运动；

操作人员按下遥控器上的数值键 4 时对应的码值是 0x08，这时控制灭火智能车进行向左运动；

操作人员按下遥控器上的数值键 5 时对应的码值是 0x1C，这时控制火火智能车停车；

操作人员按下遥控器上的数值键 6 时对应的码值是 0x5a，这时控制灭火智能车进行向右运动；

操作人员按下遥控器上的数值键 7 时对应的码值是 0x42，这时控制灭火智能车进行红外循迹运动；

操作人员按下遥控器上的数值键 8 时对应的码值是 0x52，这时控制灭火智能车后退；

操作人员按下遥控器上的数值键 9 时对应的码值是 0x4a，这是功能保留按键，灭火智能车不进行任何动作。

有了这些约定，操作人员就可以通过按下红外遥控器上的控制按键来控制灭火智能车的运动了，下面以红外避障控制为例进行介绍。

```
case0x0C：                              //1，红外避障
{
    if（stop_flag==1）
```

```
    {
    BZ_flag=1 ; stopflag=0 ;
    }
}break ;
```

语句 case0x0C 表明接收到的是红外遥控器发出的红外编码 0x0C，这时让灭火智能车执行红外避障的指令。如果这时灭火智能车是处于停止的状态，那么设置变量 BZ_flag=1，在主函数中如果检测到 BZ_flag=1 就让灭火智能车执行红外避障操作。

4. 系统初始化函数

灭火智能车上电后，为了保证能正确执行代码，要让灭火智能车按照规定的要求执行操作，需要进行一些预处理。为了提高程序代码的模块化程度，可将程序中的一些预处理代码统一放在系统初始化函数 SYSinit（void）中。

```
void SYSinit(void)
{
    MH_ctl=1 ;
    BEEP_I0=0 ; delay（200，100）;
    BEEP_I0=1 ;
    TIMERinit( ) ;
    EX0init( ) ;
}
```

在该函数中首先设置灭火信号为低电平，让风扇不转，然后控制蜂鸣器响一下，最后调用定时器 0 和外部中断的初始化函数，完成定时器 0 和外部中断 0 的初始化。

5. 灭火智能车主函数

主函数 main（void）能够完成所有的灭火智能车控制处理过程。main（void）函数是 C 语言编写的软件代码中不能缺少的一个函数，单片机上电后就是从 main（void）开始执行程序代码的。

在主函数中，首先完成系统的初始化，然后进入 while(1) 循环，在 while（1）循环中依据条件的判断分别执行红外遥控、红外避障、红外跟随和红外循迹灭火操作。

（1）灭火智能车避障原理及控制程序

如果灭火智能车接收到的红外遥控指令是红外避障指令，那么灭火智能车就执行红外避障操作。依照红外避障程序流程图编写的灭火智能车红外避障具体控制代码如下。

```
if（BZ_flag=1）                                              // 红外避障
{
if（(leftqianled==1）&&（right-qian_led==1））              // 如果左右两边都没有检测
                                                               到障碍物
{forward( );                                                  // 调用前进函数
if（(left_qian_led==1）&&（right_qian_led==0））            // 右边检测到障碍物
{left_turn( );                                                // 调用小车左转函数
if（(right_qian_led==1）&&（left_qian_led==0））            // 左边检测到障碍物
{right_turn( );                                               // 调用小车右转函数
if（(right_qian_led==0）&&（left_qian_led==0））// 两边传感器同时检测到障
碍物
    {
    back( );
    delay（50，1000）circle_right( )delay（30，1000）
    }
}
```

当 left_qian_led=1 和 right_qian_led=1 时，表明灭火智能车左右两边的避障功能模块在规定的范围内没有探测到障碍物，这时调用 forward( ) 控制函数，灭火智能车继续前进。

当 left_qian_led=1 和 right_qian_led=0 时，表明灭火智能车左边的避障功能模块在规定的范围内没有探测到障碍物，而灭火智能车右边的避障功能模块在规定的范围内探测到障碍物，这时调用 left_turn( ) 控制函数，灭火智能车向左转进行规避。

当 right_qian_led=1 和 left_qian_led=0 时，表明灭火智能车左边的避障功能模块在规定的范围内探测到障碍物，而灭火智能车右边的避障功能模块在规定的范围内没有探测到障碍物，这时调用 right_turn( ) 控制函数，灭火智能车向右转进行规避。

当 right_qian_led=0 和 left_qian_led=0 时，表明规定的范围内灭火智能车左右两边的避障功能模块都检测到了障碍物，这时首先调用 back( ) 控制函数，让灭火智能车后退一段距离，后退距离的长短由 delay（50，1000）来控制，然后再调用 circle_right( ) 控制函数向右转一个角度，这个角度的大小由 delay（30，1000）函数来控制，以达到对障碍物进行规避的目的。

（2）灭火智能车障碍物跟随原理及控制程序

如果灭火智能车接收到的红外遥控指令是障碍物跟随指令，那么灭火智能车执行障碍物跟随操作。依照障碍物跟随程序流程图编写的灭火智能车障碍物跟随具体控制代码如下。

```
if（GS_flag==1）                                          // 跟随
{
if（（left_qian_led==1）&&（right_qian_led==1））        // 左右两边都没有检
                                                           测到障碍物
    {forward( );                                          // 调用前进函数
    if（（left_qian_led==0）&&（right-qian-led==0））    // 左右两边都检测到
                                                           障碍物
    {stop( );                                             // 调用前进函数
    if（（left_qian_led==0）&&（right_qian_led==1））    // 左边检测到障碍物
    {left_turn( );                                        // 调用小车左转函数
    if（（rightqianled==0）&&（left_qian_led==1））      // 右边检测到障碍物
    {right_turn( );                                       // 调用小车右转函数
}
```

当 left_qian_led=1 和 right_qian_led=1 时，表明灭火智能车左右两边的避障（跟随）功能模块在规定范围内都没有探测到障碍物。这时，调用 forward( ) 控制函数，灭火智能车继续前进。

当 left_qian_led=0 和 right_qian_led=0 时，表明灭火智能车左右两边的避障（跟随）功能模块在规定的范围内都已经探测到障碍物。这时，调用 stop( ) 控制函数，灭火智能车停止前进。

当 left_qian_led=0 和 right_qian_led=1 时，表明灭火智能车左边的避障（跟随）功能模块在规定的范围内探测到了障碍物，灭火智能车右边的避障（跟随）功能模块在规定的范围内没有探测到障碍物。这时，调用 left_turn( ) 控制函数，灭火智能车向左转进行跟随。

当 rihgt_qian_led=0 和 left_qian_led=1 时，表明规定的范围内灭火智能车左边的避障（跟随）功能模块在规定的范围内没有探测到障碍物，灭火智能车右边的避障（跟随）功能模块在规定的范围内探测到了障碍物。这时，调用 right_turn( ) 控制函数，灭火智能车向右转进行跟随。

（3）灭火智能车遥控原理及控制程序

在前面的介绍中我们知道，灭火智能车的操作人员按下红外遥控器时，红外遥控器会发出红外编码信号，这些红外编码信号被灭火智能车的红外信号接收管接收到后会进行解码处理并依照解码后的指令控制灭火智能车运动。

灭火智能车红外遥控具体控制代码如下。

```
void Ir_work（void）                          // 红外键值散转程序
{
switch（IRcord[2]）                           // 判断第三个数码值
    {
    case0x0C：                                //1，红外避障
        {
        if（stop_flag==1）
        {BZ_flag=l；stop_flag=0；}
        }break；
case0x18：                                    //2，前进
    {
if（（GS_flag==0）&&（BZ_flag==0）&&（XJ_flag==0））
    {forward( )；stop_flag=0；}
    }break；
case0x5e：                                    //3，跟随
    {
    if（stop_flag==1）
    {GS_flag=l；stop_flag=0；}}break；
case0x08：                                    //4，左
    if（（GS_flag==0）&&（BZ_flag==0）&&（XJ_flag==0））{left_turn（）;
stop_flag=0；}
```

```
        }break；
    caseOxlc：                                  //5，停
        {
        stopO；stop_flag=1 ；BZ_flag=0 ；
        GS_flag=0 ；XJ_flag=0 ；
        }break；
    case0x5a：                                  //6，右
        {
        if（(GS_flag==0）&&（BZ_flag==0）&&（XJ_flag==0））{right_turn（）；
stop_flag=0 ；}
        }break；
    case0x42 ：                                 //7，循迹
        {
        if（stop_flag--1）
        {XJ_flag=l；stop_flag=0 ；}
        }break；
    case0x52 ：                                 //8，退
         if（(GS_flag==0）&&（BZ_flag==0）&&（XJ_flag==0））{back（）；
stop_flag=0 ；}
        }break；
        case0x4a：                              //9，功能保留
        {；}break；
    Default：break；
    }
    }
```

当操作人员按下遥控器的 2 键时，灭火智能车接收到的红外码值是 0x18，系统调用控制函数 forward( )，灭火智能车前进。

当操作人员按下遥控器的 4 键时，灭火智能车接收到的红外码值是 0x08，系统调用控制函数 left_turn( )，灭火智能车左转。

当操作人员按下遥控器的 5 键时，灭火智能车接收到的红外码值是 0x1c，系统调用控制函数 stop( )，灭火智能车停止。

当操作人员按下遥控器的 6 键时，灭火智能车接收到的红外码值是 0x5a，系统调用控制函数 right_turn( )，灭火智能车右转。

当操作人员按下遥控器的 8 键时，灭火智能车接收到的红外码值是 0x52，系统调用控制函数 back( )，灭火智能车后退。

（4）灭火智能车循迹灭火原理及控制程序

如果灭火智能车接收到的遥控指令是循迹灭火指令，那么灭火智能车就执行循迹灭火操作。灭火智能车在没有探测到火源时会沿着事前规划好的运动轨迹进行循迹运动，一旦火焰探测器探测到了火源，灭火智能车就停下来启动灭火风扇进行灭火。当火源被扑灭后，灭火智能车就又沿着事前规划好的运动轨迹进行循迹运动。

灭火智能车循迹灭火程序具体控制代码如下：

```
if（XJ_flag==1）                               // 循迹灭火
{
    if ((ZUO==1) && (ZH0NG==1) && (Y0U==1))
    {
    MH_ctl=1;
    BEEP_IO=1;
if ((left_led==0) M (rightjed==0))            // 灭火智能车处在正确的轨道上
    {forward( );                               // 调用前进函数
    else
    {if ((left_led==1) && (right_led==1))      // 出错处理
if ((left_led==1) && (right_led==0))          // 左边检测到黑线
    {
    delay（2，2）;
if ((left_led==1) && (rightled==0))           // 左边检测到黑线
    {left_turn( );                             // 调用小车左转函数 }
    }
if ((right_led==1) && (left_led==0))          // 右边检测到黑线
        {
    delay（2，2）;
if ((right_led==1) && (left_led==0))          // 右边检测到黑线
```

```
        {right_turn( );                              // 调用小车右转函数
        }
    }
    }
    else
        loop : stop( );
        MH_ctl=0 ;
        BEEP_10=0 ; delay ( 500, 1000 );
    if (( ZU0==0 ) || ( ZHONG==0 ) || ( YOU==0 ))
        {gotoloop ; }
    }
    }
    }
    }
```

当 left_led=0 和 right_led=0 时，表明是由白色的物体（地面）反射红外线、黑色的轨迹线处于灭火智能车的两个循迹红外收发管中间，灭火智能车没有跑偏，系统调用控制函数 forward( )，这时灭火智能车继续前行。

当 left_led=1 和 right_led=0 时，表明灭火智能车左边循迹红外收发管检测到黑线，灭火智能车右边循迹红外收发管检测到白色的物体（地面）。这时灭火智能车是右偏了，系统调用控制函数 left_turn( )，程序就控制灭火智能车左转进行调节。

当 right_led=1 和 left_led=0 时，表明灭火智能车右边循迹红外收发管检测到黑线，灭火智能车左边循迹红外收发管检测到白色的物体（地面）。这时灭火智能车是左偏了，系统调用控制函数 right_turn( )，程序就控制灭火智能车右转进行调节。

当三个火焰传感器中的任何一个感应到火源时，灭火智能车停止下来，通过 MH_ctl=0 语句控制灭火风扇转动进行灭火，直到火源熄灭，灭火智能车继续进行循迹运动。

第五节　案例实验

灭火智能车样车是严格按照一个产品的设计开发流程设计的，即其设计过程按照调研—方案（含硬件和软件）—开发工具选择—器件选型—电路设计—电路调试—软件编写—软件调试—综合调试—实验验证的步骤进行。项目进行到这一步，灭火智能车的硬件设计和软件设计都已经完成，接下来就要进行一系列的实验，来验证灭火智能车是否能完成预定目标，并通过实验找出需要改进的地方，为后续工作找出依据。在设计完成灭火智能车的硬件设计和程序的编写后，将编写好的程序下载到单片机中。设计人员要进行多次实验以验证灭火智能车的功能和查找其不足之处，为以后的改进找出依据。为此，设计人员分别进行了灭火智能车的循迹灭火实验、红外避障实验、跟随障碍物实验、红外遥控实验。实验过程如下。

一、循迹灭火实验

循迹灭火实验需要设计人员在地面规划出灭火智能车的运动轨迹，并在灭火智能车运动轨迹附近放置蜡烛替代火源。灭火智能车沿着轨迹运动，当感应到火源时，灭火智能车停止运动并启动灭火风扇进行灭火。当火源被吹灭后灭火智能车继续进行循迹运动。为了验证灭火智能车循迹灭火的可靠性，可规划不同的轨迹并进行多次实验。

1. 灭火智能车环形循迹灭火实验

实验前，在地面用黑色胶条贴出环形的灭火智能车运动轨迹（注意胶条的宽度不能超过灭火智能车上两个循迹红外收发管之间的间隔距离），在运动轨迹旁边放置 4 根蜡烛替代火源，调节好灭火智能车循迹功能模块和火焰传感器的灵敏度，然后按下红外遥控器上的相关按键，让灭火智能车进行循迹灭火运动。

实验时，观察灭火智能车是否能沿着预先规划好的轨迹运动，遇到火源时是否能停下进行灭火，当火源被扑灭后是否继续进行循迹运动。实验过程记录见表 6–3。

表 6-3　灭火智能车环形循迹灭火实验记录

	火源 1 扑灭时间(s)	火源 2 扑灭时间(s)	火源 3 扑灭时间(s)	火源 4 扑灭时间(s)	是否偏离运行轨迹
实验次数 1	6	7	10	7	无偏离
实验次数 2	11	6	8	9	无偏离
实验次数 3	9	9	7	10	无偏离
实验次数 4	5	8	9	9	无偏离
实验次数 5	10	7	8	8	无偏离

2. 灭火智能车模拟厂区环境循迹灭火实验

如果灭火智能车应用于厂区环境进行灭火，那么运动轨迹可能不是环形，为了进一步验证灭火智能车的循迹灭火功能，设计人员模仿厂区环境的运动轨迹再次进行了实验。

实验前要调节好灭火智能车循迹功能模块和火焰传感器的灵敏度，然后按下红外遥控器上的相关按键，让灭火智能车进行循迹灭火运动。

实验时，观察灭火智能车是否能沿着预先规划好的轨迹运动，遇到火源时是否能停下灭火，当火源被扑灭后是否继续进行循迹运动。实验过程记录见表 6-4。

表 6-4　模拟厂区环境灭火智能车循迹灭火实验记录

	实验次数 1	实验次数 2	实验次数 3	实验次数 4
火源 1 扑灭时间（s）	6	7	10	7
火源 2 扑灭时间（s）	11	6	8	9
火源 3 扑灭时间（s）	9	9	7	10
火源 4 扑灭时间（s）	5	8	9	9
火源 5 扑灭时间（s）	10	7	8	8
火源 6 扑灭时间（s）	8	6	6	9
火源 7 扑灭时间（s）	11	5	9	7

续 表

	实验次数 1	实验次数 2	实验次数 3	实验次数 4
火源 8 扑灭时间（s）	9	7	11	7
火源 9 扑灭时间（s）	7	10	12	10
火源 10 扑灭时间（s）	11	9	5	8
火源 11 扑灭时间（s）	8	11	8	10
火源 12 扑灭时间（s）	7	9	6	11
火源 13 扑灭时间（s）	6	11	8	10
火源 14 扑灭时间（s）	9	11	8	9

二、避障实验

为了验证灭火智能车的避障功能，设计人员需要进行灭火智能车避障实验以验证灭火智能车遇到障碍物时的规避功能。实验分环形避障和模拟厂区环境避障实验。

1. 灭火智能车环形避障实验

进行这个实验时，设计人员要用物体围成一个圆形的区域作为障碍物。实验前应调节好灭火智能车避障功能模块的灵敏度，然后按下红外遥控器上的相关按键，让灭火智能车进行避障运动。

在这个实验中，灭火智能车以顺时针运动，因为障碍物一直在灭火智能车的左边，当灭火智能车上的避障功能模块感应到障碍物时，灭火智能车就会向右调整一点。这样看起来灭火智能车就一直贴着这个环形的障碍物运动。实验记录见表 6–5。

表 6–5　灭火智能车环形避障实验记录

	灭火智能车距离障碍物平均距离（目测）（cm）	是否碰撞障碍物
实验 1	2	否
实验 2	3	否

续 表

	灭火智能车距离障碍物平均距离（目测）（cm）	是否碰撞障碍物
实验 3	3	否
实验 4	2	否
实验 5	2	否

2. 灭火智能车模拟厂区环境避障实验

为了进一步验证灭火智能车的避障能力，可模仿厂区环境设置障碍物，让灭火智能车进行避障运动。同样，在实验前需要调节好灭火智能车避障功能模块的灵敏度，然后按下红外遥控器上的相关按键，让灭火智能车进行避障运动。

在这个实验中，灭火智能车如果左边遇到障碍物则向右规避；如果右边遇到障碍物则向左规避；如果两边都遇到障碍物则先后退一段距离然后进行规避动作，其实验记录见表 6-6。

表 6-6 灭火智能车模拟厂区环境避障实验记录

	灭火智能车距离障碍物平均距离（目测）（cm）	是否碰撞障碍物
实验 1	5	否
实验 2	8	否
实验 3	6	否
实验 4	7	否
实验 5	5	否

三、障碍物跟随实验

灭火智能车障碍物跟随实验就是在灭火智能车前方（左边、右边或正前方）有移动的障碍物时，观察灭火智能车是否能跟随障碍物运动。同样，在实验前需要调节好灭火智能车避障（跟随）功能模块的灵敏度。

实验时在灭火智能车左前方放置障碍物并移动它，灭火智能车就能跟着障碍物向左运动；在灭火智能车右前方放置障碍物并移动它，灭火智能车就能跟着障碍物向右运动；在灭火智能车正前方放置障碍物灭火智能车就停止运动，如果将障碍物稍微移远一点灭火智能车就又向前运动了。在实验前需要调节好灭火智能车避障（跟随）功能模块的灵敏度，然后按下红外遥控器上的相关按键，让灭火智能车进行障碍物跟随运动。灭火智能车跟随实验记录如表 6–7 所示。

表 6–7　灭火智能车障碍物跟随实验记录

	障碍物平均距离（目测）（cm）	障碍物位置	实验现象
实验 1	12	左前方	向左跟随
实验 2	15	正前方	向前运动
实验 3	13	右前方	向右跟随
实验 4	10	正前方	停止运动
实验 5	11	左前方	向左跟随
实验 6	11	左前方	向左跟随
实验 7	13	右前方	向右跟随
实验 8	16	正前方	向前运动
实验 9	14	右前方	向右跟随
实验 10	11	左前方	向左运动

四、遥控实验

灭火智能车红外遥控实验就是用红外遥控器控制灭火智能车向前、向后、向左、向右和后退运动。这个实验主要是验证灭火智能车红外遥控的可靠性。实验时，考虑到红外线的直线传输特性，应该将遥控器尽量对着灭火智能车上的红外信号接收管。在后续的改进设计中可以考虑采取无线电波遥控的方式，以避免遥控中的这种弊端。灭火智能车遥控运动实验记录见表 6–8。

表 6–8　灭火智能车遥控运动实验记录

	按下红外遥控器的按键	实验现象
实验 1	2 键	前进运动
实验 2	5 键	停止运动

续 表

	按下红外遥控器的按键	实验现象
实验 3	4 键	向左运动
实验 4	6 键	向右运动
实验 5	8 键	后退运动
实验 6	5 键	停止运动
实验 7	2 键	向前运动
实验 8	8 键	后退运动
实验 9	6 键	向右运动
实验 10	4 键	向左运动
实验 11	5 键	停止运动
实验 12	8 键	后退运动
实验 13	4 键	向左运动
实验 14	2 键	向前运动
实验 15	5 键	停止运动
实验 16	6 键	向右运动
实验 17	8 键	后退运动
实验 18	4 键	向左运动
实验 19	2 键	向前运动
实验 20	5 键	停止运动

红外遥控实验表明，红外遥控器能控制灭火智能车的运动，并且遥控稳定可靠，当操作人员按下红外遥控器上的按键时，灭火智能车能及时响应并进行对应运动。

第七章　汽车智能钥匙系统

第一节　汽车智能钥匙发展概况

一、设计背景

通过调查近几年的车辆增长情况人们可发现，目前在我国的车辆行业中，家用私人轿车增长速度最快，说明当下情况，家用小轿车成了生活必需品。通过调查人们还发现，目前消费者对于家用汽车的选择越来越理智化，以往其常常关注的是汽车的动力等基本性能等参数，现在人们更加关注汽车的实用性和安全保障性能及驾驶和乘车的舒适与否，因此人们对于品牌的选择也逐渐发生了改变。在传统行业中，汽车钥匙普遍采用金属钥匙及各种按键的形式，而调查发现，人们已经对这种形式的控制感到不便利，人们更加喜欢更加便利的操作，还有在性能上更加稳定，由于路况复杂和车辆增多，所以现在人们在选购汽车时常常将安全性放在首位，因此人们更希望采用车钥匙的形式控制车辆。在这种强烈需求的背景下，车钥匙芯片集成化具有了广阔的市场前景。

随着人们安全意识的普遍提高，人们也越来越重视车辆防盗。如今现代高科技产业迅速发展，各个汽车生产商家也在不断增加防盗和各种安保措施，但是现在的车辆防盗设施已经不能起到完善的防盗保障作用，国内外车辆被盗事件还是频频发生。研究统计发现，美国是发生汽车被盗事件最多的地方，其单单一年大约有 150 万辆汽车被盗，按照事件发生时间来算，几乎每 20s 就会产生一起汽车失窃事件；国内统计发现，在我国香港地区每年发生汽车失窃案件的数量大约在 4000 次。随着我国经济发展，我国的私家车数量也在极速增加，车辆被盗事件也在迅速增多；据统计，我国平均每年发生汽车被盗案件在 10 万次以上。汽车被盗案件频频产生，给车主带来了巨大的经济和精神损失，还给整个社会带来了许多不安定的因素，甚至威胁到人民大众的人身安全。目前，国家已经出台了各项保险改革和稳定措施，车辆生产企业也在对其安全保障系统升级换代。由此可知，当汽车具有更好的安全性和防盗措施时，这种车辆更能融入市场，打开市场。在当今形势下，汽车行业面临着对安全性更高的需求，并且防盗和安全产品的市场十分巨大，也在不断扩展，同时也带来了很大商机。

在汽车防盗措施中，关键技术主要集中在车钥匙上，并且各个生产厂家也在逐步改进其安全性能和结构特征，这也是汽车防盗安全一直研究的热点话题。在传统的汽车钥匙防盗研究中，设计人员主要关注汽车钥匙远程遥控的处理技术，同时结合一系列操作来对车辆车门和后备厢等关键部分进行遥控控制，这种操作使得车主感到非常麻烦，带来了诸多不便。另外，在防盗安全性能中，传统汽车钥匙防盗显得十分单调，使得破解比较容易，即使加上了部分加密功能，效果也是不太理想。并且，在远距离通信方面，其信号容易被干扰，甚至在没有被干扰时依旧接收不到信号，这就容易在车辆没有上锁的情况下，若车主远离车辆，就会给车辆防盗系统造成无法实施功能的危害。本次研究中，设计人员采用 PIC 单片机技术，同时结合无线电技术，来实现车钥匙智能化管理，完善汽车防盗和安全系统。在无线电技术中，采用远距离射频的先进技术，结合滚码加密模式，不仅可以使汽车多维接收无线电信号，还可以使得车主在不适用钥匙的情况下实现车辆的自动启动和远距离控制功能。

近几年，智能钥匙已经从高档汽车逐渐向普通汽车普及，并且具有极大的市场需求，可以带来诸多效益，因此智能钥匙行业目前竞争相当激烈。为了在竞争中胜出，大部分厂家认为，应当加强在主要技术领域研究，解决关键技术瓶颈问题，设计自己的品牌系统，同时降低成本。

二、汽车钥匙的发展概述

汽车钥匙的发展主要经历了三个时期。

第一个时期是传统的机械钥匙，在汽车钥匙发展初期，其主要采用普通生活中常见的钥匙形式，采用锯齿状结构，主要功能不是为了防盗，而仅仅是用来打开驱动系统和车门。

第二个时期是采用芯片技术的遥控钥匙，在这一时期的钥匙，主要结合了锯齿类钥匙的特点，同时加入了远程控制功能的芯片结构，这种钥匙可以采用按键的形式使车门进行上锁和打开操作，并且不需要插孔就能进行遥控控制。这种形式可以在人车距离比较远时进行汽车打开和关闭操作，并且与白天和黑夜无关，

这也是当今市场上比较流行的钥匙形式。

第三个时期便是智能钥匙阶段，在当今市场上流通的车辆中，由于设计和制造成本问题，智能钥匙在高级车辆上运用得较为普遍，其中还设计有不需要钥匙就能打开发动机和车门等系统，大大减少了操作流程，同时增加了汽车安全性。

目前，在市场上流通的车辆，普遍采用了遥控性的钥匙系统。但是，当下的传统遥控钥匙系统已经不能满足安全性要求。目前，人们普遍要求，当携带钥匙时，距离车辆比较近的时候车辆可以自动打开车门，并且解锁开车所需要的功能，增加便利性和舒适性，并且这也将是汽车钥匙未来的发展方向之一。当前情况下，大多数人对电子产品有着比较高的依赖性，并且对其功能要求也越来越严格，因此汽车中电子设备的更新和发展也得到了人们越来越多关注，其舒适性要求也越来越严格，这逐渐成为消费者对比不同车辆的一个主要选择条件。目前，生产厂家也逐渐将 PKE 应用于前装，并将其融合到设计中去，从而实现与整车的控制系统结合，形成一种以整车形体为基础的智能钥匙系统。这样既可以减小钥匙的体积方便携带，也可以将智能钥匙接收信号模块融于车体控制系统，方便车主操作，大大提高了汽车安全性。

三、国内外研究概况

当前的汽车市场中，对于汽车钥匙研究是当下汽车设计的一个大热点，其中最为重要的是智能钥匙研究。在这项研究中的关键环节就是设计芯片，这同时使得各个芯片设计研发企业对其进行大量集成化研究，并且也取得了比较重要的进展，而这些芯片厂多数为海外芯片企业，如恩智浦公司（NXP）、微芯公司（Microchip）等，这些芯片企业各自提出了基于自身技术的智能车钥匙解决方案，其中 NXP 为最先提出该项技术的芯片商，并且在实际中得到了应用，其研发的芯片主要采用 PCF7952/ PCF7953 集成化芯片处理模块，人们在使用中发现，采用该芯片可以大大增加信号接收效率和敏感性，并且其耗能较低，可以采用 8 位指令系统，而且该芯片在数据传输和处理中可以进行加密处理，因此安全性比较高，但是其缺点是价格比较昂贵。因此，目前只有一些比较大的汽车生产企业采用该技术。但是，从目前的趋势来看，一些汽车生产商正在自己尝试研发该类芯片，以降低成本。

目前，随着我国国内电子技术迅速发展，该类智能车钥匙相关研究已经逐步展开。与以往模仿不同，我国已经逐步建立起了自身的车钥匙研发系统，并且有了比较多的专利，在关键技术上不再受制于人。但是，其目前发展还远远不能满足市场需求，其研发设计速度要落后于汽车钥匙电子化发展速度。其中的原因比较复杂，一方面，国内的半导体行业发展与国外相比差距较大，还处于模仿学习阶段，尽管种类丰富但是质量有待提高；另一方面，国内的汽车行业和高等学府及各个研究院所的合作没有国外密切，高校之中的很多优秀成果无法及时在市场上进行投放，难以转化为生产力，这既导致科研资金紧张，使得研究团队难以进行更加深入研究，又导致汽车行业的先进技术跟不上市场发展，使其没有足够技术来源以提高利益降低成本，并且这一因素已经成为车钥匙技术发展一个非常大的制约因素。因此，这就给国内汽车行业带来了更高的技术成本。

第二节　系统设计原理

一、射频技术原理

射频技术是指通过电流在导体中进行传输而产生电磁波，当电磁波的频率超过 100kHz 这一临界值后，电磁波便可以在空气中进行传播，从而实现了信息的远程传输，达到通信功能要求。人们一般将能够实现远距离传输信号功能的高频电磁波称为射频，现在射频技术已经在通信领域得到了广泛应用，成为一种新型的通信技术手段。

本书所描述的无线汽车智能钥匙系统通过射频技术实现了汽车车身基站与汽车钥匙端的双向通信，达到了无线控制汽车部分功能的设计要求。汽车车身基站会通过低频射频信号与汽车钥匙端进行匹配，在匹配成功后汽车钥匙端会发送包含功能信息的高频射频信号与汽车车身中央控制单元进行通信，实现具体功能。低频通信技术原理如图 7-1 所示。

低频信号发射端产生的电压，在串联谐振电路中产生高频电流，高频电流通过绕线天线产生的磁场进而能够发射出低频信号。低频信号接收端通过绕线天线接收到的电磁波产生感应电压，通过电压产生的电流完成信息解码等工作，最终完成低频射频信号通信过程。

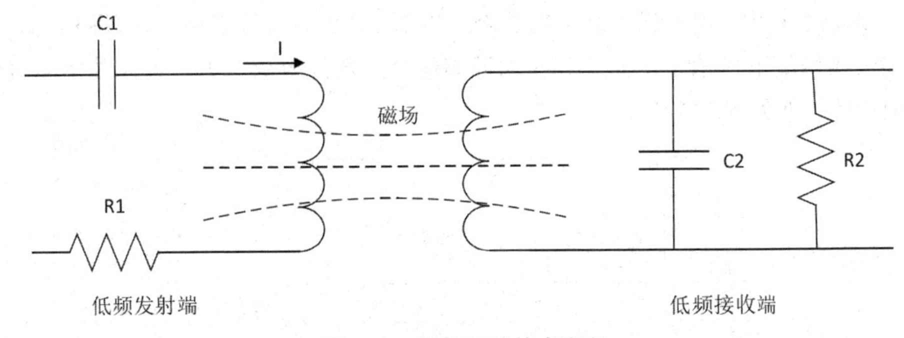

图 7-1　低频通信技术原理

高频射频信号通信由于射频信号频率较高，需要进行变频技术，其主要包括混频技术或者倍频技术达到频率要求，并通过功率放大器进行信号传输。对于高频射频信号接收端，需要降频后再进行信号解码等操作。高频通信技术原理如图 7-2 所示。

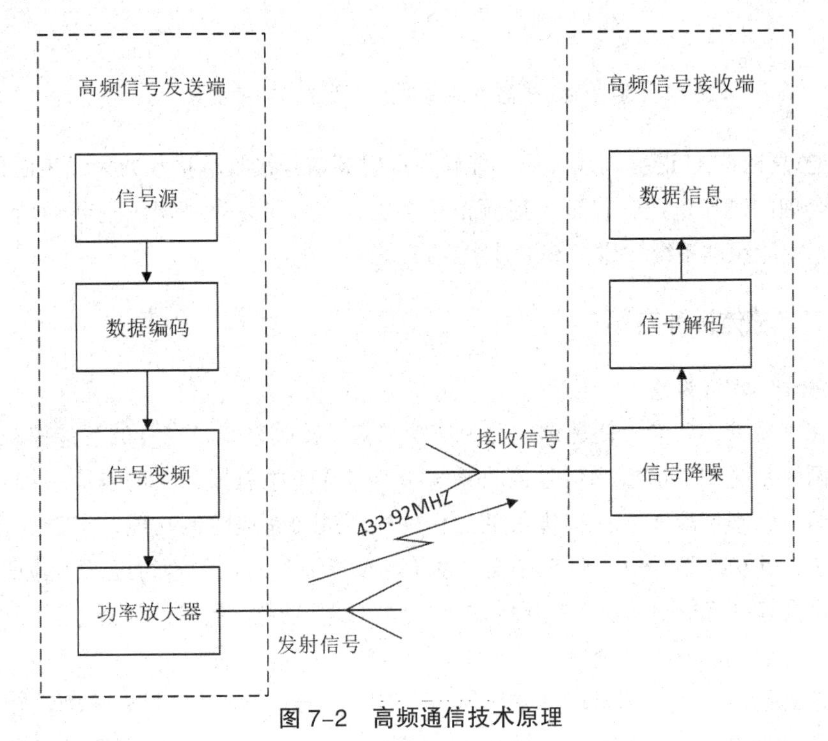

图 7-2　高频通信技术原理

本书所描述的无线汽车智能钥匙系统的低频信号接收端具有三个低频输入信道，即外部 LC 谐振天线，分别对应 *X* 轴、*Y* 轴及 *Z* 轴方向，能够减少由于汽车钥匙端姿态对于低频信号接收强度的影响。外部 LC 谐振天线能够增加环路表面积，增加天线两端电压值，从而达到检测低频信号磁场的要求。天线方向与实际接收表面积的关系如图 7-3 所示。

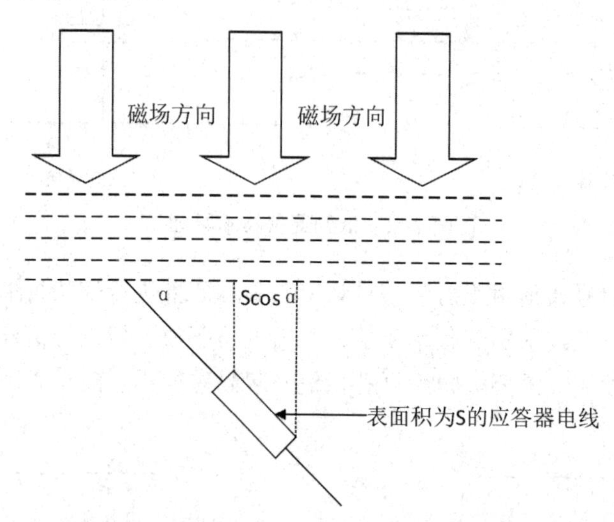

图 7-3　天线方向与实际接收表面积的关系

通过外部 LC 谐振天线工作，能够保证射频信号接收端接收的天线表面积足够产生合理的谐振电压，保证了射频信号接收，实现了复杂情况下射频通信，为无线汽车智能钥匙系统提供了基本技术支持。

二、总体设计方案

（一）功能需求

在本书中，智能车钥匙结构分为应答和信号接收系统及车身的智能控制系统。在这两大系统中，应答和信号接收系统主要是在车主有操作时的响应系统，通过接收信号，来读取车主所要进行的操作信息，进而完成控制功能；车身的智能控制系统，其功能是通过接收来自应答系统的信息流，对信号进行处理和验证身份，然后对汽车进行控制功能。在研究中，主要对以下功能进行详细阐述。

1. 无钥匙开锁上锁功能

该功能主要是节省车主的操作流程，其特点是，当车主距离车辆比较近时，车辆会自动进行车门解锁，当车主远离车辆时，其可自动关闭车辆的部分功能，并且在这些过程中，车辆会自动验证钥匙信息，无须进行其他操作。

2. 遥控开锁上锁功能

当钥匙上按键按下时，其会发送高频信号给接收解码器，接收解码器接收汽车智能钥匙发送的电子识别码信息，实现开锁、上锁功能。

3. 遥控寻车功能

在大型停车场或其他情况下，用户无法准确寻找到汽车时，可以按下智能钥匙上的寻车键，相应的汽车会自动发出提示音，提示用户其准确位置。

4. 一键启动功能

车主携带钥匙进入汽车后，只需按下点火按钮就可实现汽车的启动操作。

本书所描述的无线汽车智能钥匙系统的汽车应答器钥匙模块包括了五个标准按键接口，分别用来实现按键控制打开车锁、锁定车锁、打开后备厢、一键寻车功能，剩余一个键盘接口用于之后功能扩展。汽车智能钥匙系统的车身控制系统与车辆的 CAN 总线进行通信，从而实现了车身各个控制单元之间的数据传输，用以实现相关功能模块的控制功能。

（二）总体结构

本书所描述的无线汽车智能钥匙系统的功能构成如图 7-4 所示。

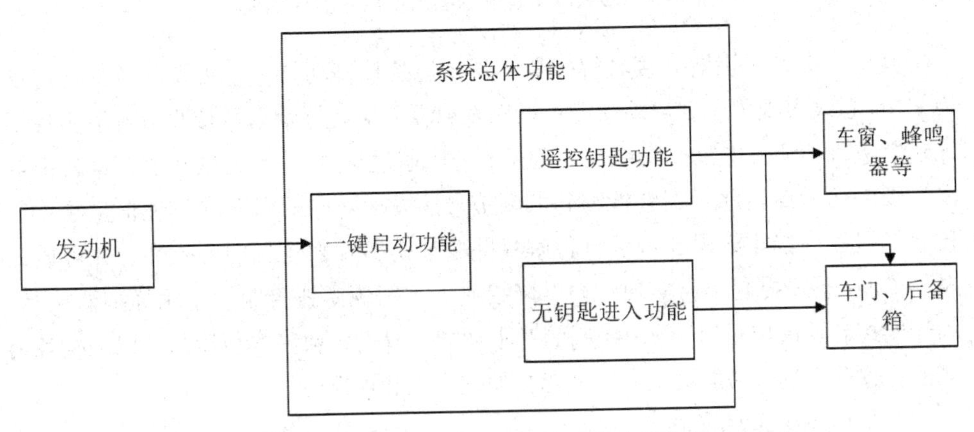

图 7-4　无线汽车智能钥匙系统功能构成

该系统总体功能包括遥控钥匙功能、无钥匙进入功能及一键启动功能，遥控控制功能和无钥匙进入功能能够实现车门、后备厢及车窗之间的数据信息传送，一键启动功能能够实现系统与发动机之间的数据信息传送。

本书所描述的无线汽车智能钥匙系统的设计由汽车智能钥匙系统应答器钥匙

模块及车身控制系统模块两部分组成，其中汽车智能钥匙系统模块包括了低频信号检测单元、中央控制单元、信号编码发射单元，车身控制系统模块包括了中央控制单元、低频信号发射器单元和信号接收解码器单元。系统控制器件组成如图7–5所示。

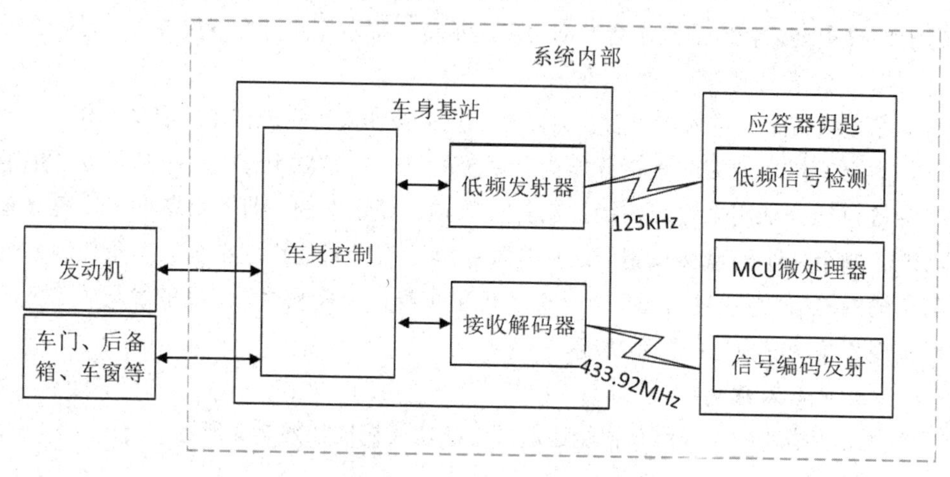

图 7–5　无线汽车智能钥匙系统控制器件组成

其中，应答器钥匙和接收解码器实现了遥控控制功能；中央控制单元通过动力 CAN 总线实现了一键启动功能；低频发射器、应答器钥匙及接收解码器实现了无钥匙进入功能。中央控制单元上运行的程序通过车身 CAN 总线控制车载发射器发送低频信号给钥匙，钥匙检测到低频信号后发射对应的指令和验证信息给车载接收解码器，接收解码器可以自行解释并验证钥匙发来信息的有效性，并可通过车身 CAN 总线控制车身实现车窗升降控制，车门锁防盗控制、车辆蜂鸣器控制、闪光器控制及遥控开门 / 锁门控制等基本功能。以上各项基本功能都可以根据各功能的描述分别进行功能测试来验证功能的完整性和可靠性。

（三）功能实现原理

本书所描述的无线汽车智能钥匙系统的车身控制模块通过将中央控制单元与车身的各个控制功能之间进行数据信息的传输实现车门锁控制、车辆蜂鸣器控制、闪光器控制及遥控开关车门锁控制等功能。

该系统两个模块之间的信息交换主要是通过无线电方式进行，采用两个通信高低频段进行信号传播和接收，从而使得信号在传输的过程中不易受到干扰，并

且提高了信号安全性，同时在使用中还可以防止与其他车辆信号之间的干涉现象产生。中央控制单元通过车身模块控制车身基站发送低频信号给应答器钥匙，应答器钥匙检测到低频信号后发射对应的指令和验证信息给车身控制模块中的接收解码器单元，接收解码器单元可以进行信息解释并验证接收到消息的有效性，从而通过中央控制单元实现车身对应功能的控制。下面将本书所描述的无线汽车智能钥匙系统的主要功能实现原理进行简要介绍。

1. 一键启动功能原理

一键启动功能是在无钥匙进入功能基础上进行的功能升级，车主不需要使用钥匙进行机械操作就能够完成车辆启动，当车身中一键启动按钮被执行后，车身控制单元会通过低频发射器发射一条经过编码的125kHz的射频信号，在车主携带的应答器钥匙端接收到该射频信号后，对编码的信息进行验证，完成验证操作后，应答器钥匙端会发送一条经过编码的433.92MHz的高频射频信号，车身控制模块的高频信号接收解码器会对该射频信号进行接收和解码操作，并根据解码后的信息完成启动发动机的信号操作，实现发送机启动。

2. 遥控控制功能实现原理

当应答器钥匙端上的按键被按下时，应答器钥匙端会发送一条高频433.92MHz的滚码加密报文信息，车身控制模块中的接收解码器单元会对该数据报文信息进行解码操作，如果信息被识别，系统将进行按键功能码相对应的车身控制操作，这些车身控制操作包括了远程开锁上锁、远程寻车及开关后备厢等功能。

3. 无钥匙进入功能实现原理

车身控制系统模块会通过低频发射器功能单元持续发送经过编码的125kHz的射频信号，该射频信号会在一定距离内被接收和识别，在应答器钥匙可以接收到低频射频信号的距离情况下，其会被车身控制系统进行识别，在完成识别操作后，应答器钥匙端会发送一条经过编码的433.92MHz的高频射频信号，车身控制单元中的接收解码器单元会接收到相应的高频报文信息并进行解码操作，如果信息被识别，系统将进行相应的功能操作。无钥匙进入系统在应答器钥匙端发送射频信号的过程中与按键控制功能在理论逻辑上较为相似，也具有与按键相似的功能码信息用于车身控制单元进行识别操作。

第三节 控制系统硬件设计

一、硬件设计基本要求

在对硬件进行具体设计工作之前，设计人员需要根据具体开发要求制定硬件设计的基本要求，使硬件不仅要达到功能设计的需要，还要满足电气标准要求、尺寸要求等方面的设计要求，本书所描述的无线汽车智能钥匙系统在硬件设计时主要考虑了以下几点设计要求。

第一，根据汽车钥匙尺寸的大小要求，应答器钥匙端在进行硬件设计时需要将尺寸尽量缩小，以满足便携操作要求，采用独立的电气元件进行应答器设计，能够尽可能地减小应答器钥匙端面积，同时也能减少应答器钥匙端硬件成本。

第二，在进行硬件设计过程中，需要考虑到未来硬件功能的可扩展性，这就要求硬件需要提供尽量多的可扩展接口，例如串口通信接口、CAN 通信接口及 LIN 信息接口等，使其能够尽量实现多功能控制，同时在应答器钥匙端也需要预留按键接口，以供后期按键功能扩展。

第三，在选择射频信号发射及接收硬件器件过程中，需要按照具体的通信要求选择满足通信距离要求的硬件，在具体开发环境中设计人员可以对通信距离进行硬件或者软件调整，高频射频信号通信距离在 3m 左右即可满足用户使用需求，低频射频信号通信距离满足 1m 左右不仅能够满足用户使用需求，也满足用户用车安全的需求。

第四，由于应答器钥匙端的电源设计要求和车身基站的电源设计要求，选择低功耗的硬件器件能够保证系统的使用周期。

第五，选择标准化和模块化的硬件设计，这样能够控制硬件开发成本，同时也能够最大限度避免硬件器件之间的兼容问题。

二、硬件总体设计

本书所描述的无线汽车智能钥匙系统的硬件电路主要分为应答器钥匙电路及车身基站电路，主要由微控制器和相关外围电路组成，该电路能够进行信号接收、数据信息编码、数据信息解码及功能控制等方面的工作，其中应答器钥匙电路采

用的微控制器为微芯公司推出的 PIC16F639 单片机，外围电路包括了三轴向模拟前端，用来进行应答器钥匙端接收低频信号及信号匹配操作；按键电路，用以应答器钥匙端按键输入功能的操作；高频信号发射器电路，用以应答器钥匙端发送编码的高频射频信号。车身基站电路包括了低频信号发射电路及高频信号接收解码电路，其中低频信号发射电路采用的微处理器是微芯公司推出的 PIC18F2680 单片机，外围电路包括低频信号发射电路；高频信号接收解码电路采用的是 PIC16F636 单片机，外围电路包括高频信号接收电路、解码器电路及车身功能控制通信电路。

车身基站电路中的低频信号发射电路发送唤醒报文信息，而应答器钥匙端在接收到唤醒报文信息后就进行匹配操作，匹配成功后会发送相应包含功能编码的报文信息，车身基站电路中高频信号接收解码电路在接收到包含功能编码的报文信息后会进行解码操作，然后通过车身功能控制通信电路实现车身具体功能操作，应答器钥匙端与车身基站之间的通信双向的，双方既接收对方发送的报文消息，也会向对方发送相关的报文信息。

三、车身基站硬件设计

1. 低频发射功能单元

低频发射功能单元主要通过低频射频信号与应答器车钥匙进行通信，并且还通过车身 CAN 总线与车身基站进行通信，接收到触发信号后低频发射功能单元便发送相应的低频射频信号与应答器车钥匙进行匹配操作。低频发射功能单元一般通过微处理器 PIC18F2680 实现管理和控制。PIC18F2680 是微芯公司推出的一款具有 16 位指令字、77 条指令操作的单片机，能够使用 C 语言编译器进行代码编译和烧录，其运行速度快，能提供较大的存储器空间，同时支持外部中断，是一款优秀的微处理器。

PIC18F2680 提供 CCP1 模块用以产生 PWM 输出，实现射频信号的编码发送，时钟源具有 2 种外部振荡方式和 2 种外部时钟方式，8 种内部振荡时钟频率，具有很多的选择性，支持同步异步收发器 USART 功能，并且支持可寻址操作，包括自动采集功能，实现了 A/D 模式转换。同时在微处理器电源管理方面，其包括了睡眠模式、运行模式及空闲模式，微处理器在空闲模式下停止工作，而外围电路正常工作，而微处理器和外围电路在睡眠模式下都会停止工作，这样的设计能够明显降低微处理器功耗。PIC18F2680 微处理器的引脚分布如图 7-6 所示。

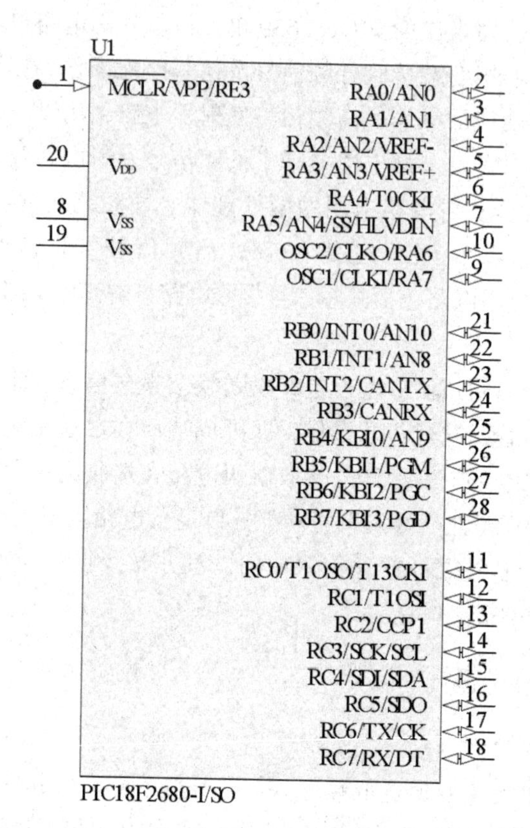

图 7-6　PIC18F2680 微处理器的引脚分布图

PIC18F2680 微处理器的各个引脚功能说明见表 7-1。

表 7-1　PIC18F2680 引脚功能说明

引脚编号	引脚名称	引脚功能
1	$\overline{\text{MCLR}}$	编程引脚，编程模式为高电平
2	RA0	输入输出端口
3	RA1	输入输出端口
4	RA2	输入输出端口
5	RA3	输入输出端口

续　表

引脚编号	引脚名称	引脚功能
6	RA4	输入输出端口
7	RA5	输入输出端口
8	V_{SS}	接地引脚
9	OSC1/RA7	外部晶振引脚
10	OSC2/RA6	外部晶振引脚
11	RC0	预留的输入输出端口
12	RC1	预留的输入输出端口
13	RC2	预留的输入输出端口
14	RC3	预留的输入输出端口
15	RC4	预留的输入输出端口
16	RC5	预留的输入输出端口
17	RC6	预留的输入输出端口
18	RC7	预留的输入输出端口
19	V_{SS}	接地引脚
20	V_{DD}	接电源引脚
21	RB0	预留的输入输出端口
22	RB1	预留的输入输出端口
23	RB2	预留的输入输出端口
24	RB3	预留的输入输出端口
25	RB4	预留的输入输出端口
26	RB5	预留的输入输出端口
27	RB6/PGC	编程引脚，编程模式为高电平
28	RB7/RGD	编程引脚，编程模式为高电平

其中 PIC18F2680 通过 13 端口与 TC4422 器件实现连接，通过 23 端口和 24 端口完成与器件 MCP2551 连接。

在低频发射电路中，使用的低频发射器为 TC4422，TC4422 是一款强电流驱动器，能够驱动振荡电路发射需要的低频射频信号，TC4422 输入端可以通过 TTL 或者 3 ~ 8V 的 CMOS 进行驱动，同时也可以通过渐进的升降波形方式对器件进行驱动。TC4422 具有很多特性，具有闭锁保护功能，能够承受 1.5A 的逆向电流，而且在输入端能够承受 5V 以内的负电压输入，以保证电路安全，可以采用 8 引脚 6 × 5DFN 的封装方式，极大缩小了器件面积和所占电路板空间，符合整个系统的电路设计要求。TC4422 的引脚分布如图 7–7 所示。

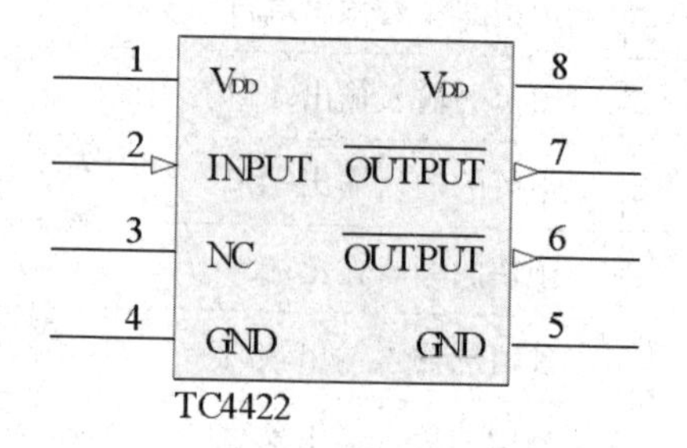

图 7–7　TC4422 的引脚分布图

TC4422 的各个引脚功能说明如表 7–2 所示。

表 7–2　TC4422 引脚功能说明

引脚编号	引脚名称	引脚功能
1	V_{DD}	4.5V–18V 电源电压
2	INPUT	TTL/CMOS 输入
3	NC	无连接
4	GND	接地引脚
5	GND	接地引脚
6	OUTPUT	CMOS 输出
7	OUTPUT	CMOS 输出
8	V_{DD}	4.5 ~ 18V 电源电压

低频发射电路需要与车辆控制中心进行数据信息通信，因此低频发射电路需要与车辆实现数据通信的接口，这里采用的接口是 MCP2551。MCP2551 运行速率高，能够达到标准物理层的数据传输要求，并且电源满足 12V 或者 24V 要求，提供高压电路保护和自动热关断保护，能够将数字信号转换为合适的车辆总线传输信号。MCP2551 器件尺寸合理，可满足电路设计的尺寸设计要求，并且带有低功耗工作模式，也满足了电路设计功耗设计要求。MCP2551 的引脚分布如图 7-8 所示。

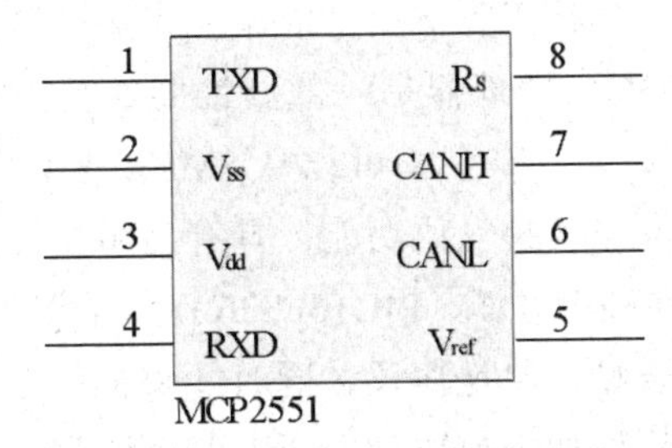

图 7-8　MCP2551 引脚分布图

MCP2551 的各个引脚功能说明见表 7-3。

表 7-3　MCP2551 引脚功能说明

引脚编号	引脚名称	引脚功能
1	TXD	发送器数据输入引脚
2	V_{SS}	接地引脚
3	V_{dd}	提供电压
4	RXD	接收器数据输出引脚
5	V_{ref}	参考输出电压
6	CANL	CAN 低电压输入输出引脚
7	CANH	CAN 高电压输入输出引脚
8	R_s	斜率控制输入引脚

车载电压一般为 12V 或者 24V，在车身基站电路设计中具有电压调节保护装置，因此提供了电池方向保护功能，瞬态保护功能及负载突降保护功能，同时为了降低车身基站电路的功耗，电源连接并没有接提示 LED 灯。

2. 高频接收解码功能单元

高频接收解码功能单元与应答器车钥匙之间通过高频射频信号进行通信，高频射频信号要经过编码和加密后进行发送，高频接收解码功能单元需要提供高频射频信号接收功能及信号解码功能，将解码后的数据信息发送给车辆控制中心。基于以上功能分析，高频接收解码功能单元采用的微处理器是微芯公司推出的 PIC16F636，PIC16F636 微处理器是一款高性能的精简指令微处理器，具有直接、间接及相对寻址模式。工作频率可以从 8MHz 到 125kHz，工作电压范围在 2 ~ 5.5V，提供上电复位和唤醒复位功能，具有高耐久性的闪存存储单元，满足了电路设计开发需要。在外设方面，PIC16F636 提供了多达 12 个输入 / 输出引脚，支持局部互联网络和增强型可寻址协议，同时能够提供 8 位定时器和计数器，还提供了滚码加密技术的硬件加密模块，可通过两个引脚进行在线串行编程，为软件系统设计与开发提供便利。在功耗和尺寸方面，PIC16F636 具有低功耗特性，待机电流在 2V 时为 1μA，工作电流在 32kHz、2V 的工作环境中为 8.5μA，满足电路设计低功耗的特性，PIC16F636 尺寸较小，也满足电路设计的尺寸要求。PIC16F636 微处理器的引脚分布如图 7-9 所示。

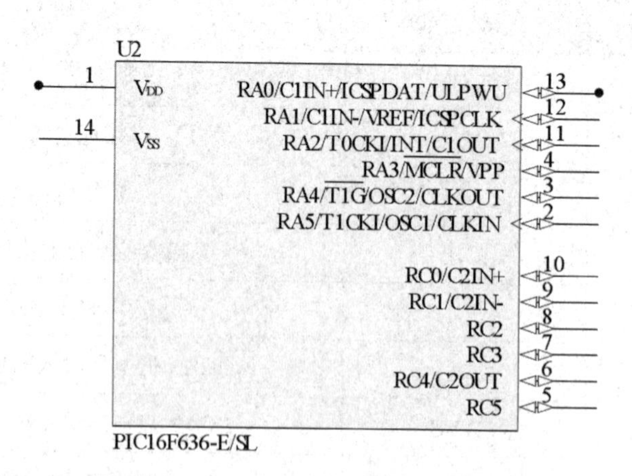

图 7-9　PIC16F636 微处理器引脚分布图

PIC16F636 微处理器的多个引脚能够提供功能复用，因此 PIC16F636 微处理器引脚功能比较复杂，各个引脚的功能说明见表 7-4。

表 7-4　PIC16F636 引脚说明

引脚编号	引脚名称	引脚功能
1	V_{DD}	电源
2	RA5	通用 I/O
	T1CKI	Timer1 时钟
	OSC1	XTAL 连接
	CLKOUT	TOSC 参考时钟
3	RA4	通用 I/O
	$\overline{\text{TIG}}$	主复位
	OSC2	
	CLKOUT	TOSC 参考时钟
4	RA3	
	$\overline{\text{MCLR}}$	
	VPP	编程电压
5	RC5	通用 I/O
6	RC4	通用 I/O
	C2OUT	比较器 2 的输出
7	RC3	通用 I/O
8	RC2	通用 I/O
9	RC1	通用 I/O
	C2IN-	比较器 2 的输入，负极
10	RC0	通用 I/O
	C2IN+	比较器 2 的输入，正极
11	RA2	通用 I/O
	T0CKI	Timer0 的外部时钟
	INT	外部中断
	C1OUT	比较器输出

续 表

引脚编号	引脚名称	引脚功能
12	RA1	通用 I/O
	C1IN-	比较器 1 的输入，负极
	VREF	外部参考电压
	ICSPCLK	串行编程时钟
13	RA0	通用 I/O
	C1IN+	比较器 1 输入，正极
	ICSPDAT	串行编程数据 I/O
	ULPWU	超低功耗唤醒输入
14	V_{SS}	接地

PIC16F636 通过 5 端口、6 端口、7 端口、8 端口完成与器件 MCP2515 的连接；通过 11 端口完成与器件 AMRRS3-433 的连接；通过 2 端口、9 端口和 10 端口实现 I/O 功能。

在高频接收解码功能单元中使用的高频射频信号接收器是 AMRRS3-433，其能够通过调幅超再生新型混频模块接收未解码的高频射频信号，AMRRS3-433 在陶瓷衬底上配置了信号放大器和信号过滤器，能够承受机械振动和手工操作，具有较高的灵敏性。同时 AMRRS3-433 工作温度范围较宽，工作性能稳定，提供 CMOS/TTL 输出，也可以与 PIC16F636 微处理器通过 PORTA 端口进行连接，实现数据信息通信，并且 AMRRS3-433 使用单电源电压 5V，具有休眠模式，器件尺寸紧凑，可满足系统电路设计要求。AMRRS3-433 的引脚分布如图 7-10 所示。

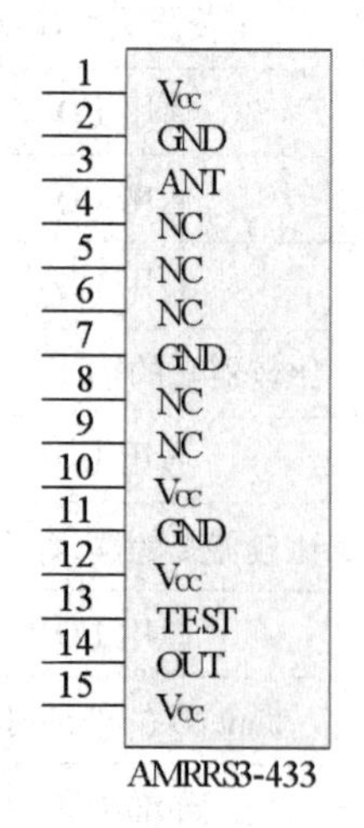

图 7-10 AMRRS3-433 引脚分布图

AMRRS3-433 各个引脚的功能说明见表 7-5。

表 7-5　AMRRS3-433 引脚功能说明

引脚编号	引脚名称	引脚功能
1	V_{CC}	电源引脚
2	GND	接地引脚
3	ANT	天线信号输入引脚
4	NC	无连接
5	NC	无连接
6	NC	无连接
7	GND	接地引脚
8	NC	无连接
9	NC	无连接
10	Vcc	电源引脚
11	GND	接地引脚
12	Vcc	电源引脚
13	TEST	RSSI 接收信号强度指示输出引脚
14	OUT	数据信息输出引脚
15	V_{CC}	电源引脚

高频接收解码功能单元将解码的数据信息与车辆控制中心进行通信，通信采用的接口器件为MCP2551及MCP2515，其中MCP2551的内容已经在上文中有所介绍，以下将主要介绍 MCP2515。MCP2515 是一款 CAN 总线控制器件，能够将 CAN 总线连接采用的应用进行优化，其中 MCP2515 主要包括 CAN 模块、逻辑控制模块及 SPI 协议模块。CAN 模块主要负责在 CAN 总线上的 CAN 消息接收与发送；逻辑控制模块与其他模块进行连接，控制器件的设置和运行逻辑，同时对传输信息进行控制；SPI 控制模块采用标准的 SPI 读写指令实现了寄存器的读写操作。MCP2515 能够实现微处理器与 CAN 总线的标准化连接，同时能够通过串行外设接口进行寄存器读写操作，其较低的功耗设计也满足了智能汽车钥匙的硬件设计要求，相应接口也能够满足未来硬件扩展的需要。MCP2515 的引脚分布如图 7-11 所示。

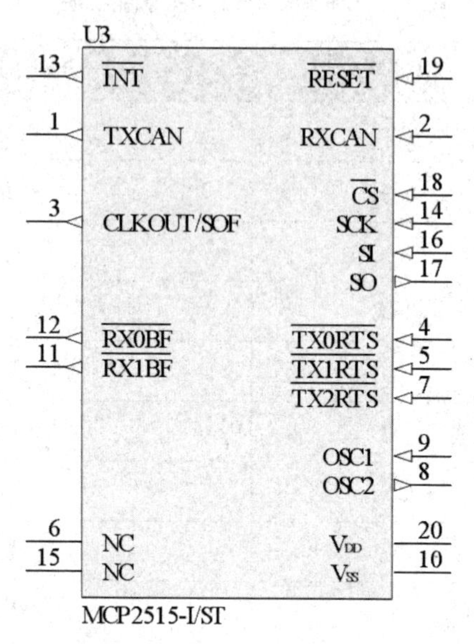

图 7-11　MCP2515 引脚分布图

MCP2515 各个引脚的功能说明见表 7-6。

表 7-6　MCP2515 引脚功能说明

引脚编号	引脚名称	引脚功能
1	TXCAN	连接到 CAN 的发送输出引脚
2	RXCAN	连接到 CAN 的接收输入引脚
3	CLKOUT	时钟输出引脚
4	$\overline{\text{TX0RTS}}$	发送缓冲器 TXB0 请求发送引脚
5	TX1RTS	发送缓冲器 TXB1 请求发送引脚
6	NC	无连接
7	$\overline{\text{TX2RTS}}$	发送缓冲器 TXB2 请求发送引脚
8	OSC2	振荡器输出
9	OSC1	振荡器输入

续 表

引脚编号	引脚名称	引脚功能
10	V_{SS}	接地引脚
11	$\overline{RX1BF}$	接收缓冲器 RXB1 中断引脚
12	$\overline{RX0BF}$	接收缓冲器 RXB0 中断引脚
13	$\overline{INT}$	中断输出引脚
14	SCK	SPI 时钟输入引脚
15	NC	无连接
16	SI	SPI 数据输入引脚
17	SO	SPI 数据输出引脚
18	$\overline{CS}$	SPI 片选输入引脚
19	$\overline{RESET}$	复位输入引脚
20	V_{DD}	电源引脚

四、应答器钥匙硬件设计

根据应答器钥匙端功能设计的要求，应答器钥匙端主要包括的功能有低频射频信号检测与接收、按键输入、消息编码及高频射频信号发送。为了实现这几项功能，选择的微处理器为微芯公司推出的 PIC16F639，PIC16F639 微处理器在引脚功能和性能方面与 PIC16F636 一致，主要区别在于 PIC16F639 为了实现低频射频信号检测与接收而加入了三轴向模拟前端，在引脚输入方面，RA0 引脚以及 RA2 引脚至 RA5 引脚负责按键信号的输入，RA1 引脚负责低频射频信号输入。RC0 引脚连接 LED 灯，负责高频信号发射激活显示功能，RC4 引脚连接 LED 灯，负责低频射频信号激励显示，RC5 引脚负责高频射频信号数据输出功能。

三轴向模拟前端为 Analog Front-End，简称 AFE，包括了用于低频射频信号检测和低频信号通信的模拟输入通道，其中低频信号检测能够检测到地址 1mVpp 的 125kHz 的信号输入，每一个模拟输入通道都配置有内部调节电路、灵敏度控制电路、输入信号强度限制及低频信号通信调制晶体管，同时也会对输入通道内的

信号进行增益处理，即将每个通道的输出进行调解处理，然后将数字输出通过低频射频信号输入引脚与 PIC16F639 进行通信。三轴向模拟前端包括 8 个配置寄存器，能够对模拟前端的操作选项和工作状态进行配置，这些配置寄存器均通过串行协议接口命令进行读写操作。

三轴向模拟前端除了以上介绍的功能，还能对整个应答器钥匙端电路的功耗降低起到至关重要作用，应答器钥匙端在检测低频射频信号过程中不能一直处于工作状态，这样的设计会大大提高整个应答器钥匙端电路的功耗，而三轴向模拟前端在检测到合法的低频信号输入后，才会对微处理器及整个电路进行唤醒操作，在唤醒操作前，整个微处理器电路会在半休眠状态下待机工作，这样的设计满足了电路设计中的低功耗要求。

为了使低频射频信号拥有较好的接收效果，设计人员需要将三轴向模拟电路中谐振电路的谐振点控制在车身基站发送的 125kHz 的低频射频信号范围内，在经过文献查阅和相关技术资料的学习后，设计人员将 LC 振荡电路中的电感 L 设计为 7.1mH，电容 C 设计为 220pF，这样的设计能够满足射频信号通信的要求。三轴向模拟前端电路设计如图 7-12 所示。

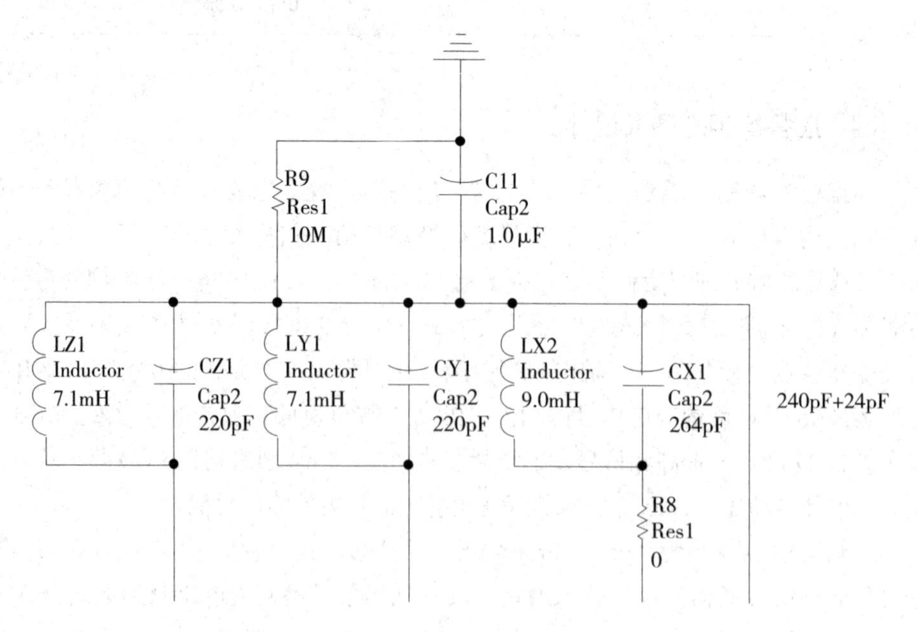

图 7-12 三轴向模拟前端电路设计图

在应答器钥匙端电路中，高频射频信号发射电路采用表面声波谐振器实现高频射频信号发射，其能够发射频率为433.92MHz的高频射频信号。这样的设计能够降低应答器钥匙端的电路功耗，并且能有效控制电路成本。

在高频射频信号发射电路中，U2器件即为表面声波谐振器，能够保证发射信号频率的稳定，Q1为射频三极管，主要的作用是连通或切断载波信号，当微处理器PIC16F639通过信号输出引脚发出相关数据信号时，三极管Q1在信号为高电平的情况下导通，在信号为低电平的情况下断开，在三极管Q1导通的情况下，振荡电路会产生相应的载波射频信号并通过天线L1进行信号发送。

为了减小应答器钥匙端的电路尺寸，方便用户携带和操作，应答器钥匙端的电路电源采用的是一枚纽扣式锂电池，根据应答器钥匙端电路设计的介绍，微处理器及数字电路部分在未为激活的情况下应答器钥匙端采用的是半休眠工作模式，三轴向模拟前端只有在检测到匹配低频射频信号后才会激活微处理器及数字电路部分，在高频射频信号发射电路中，由于通信距离较短，也能够降低相应的电路功耗，因此应答器钥匙端在电路功耗设计及尺寸设计方面可满足电路设计的基本要求。

第四节　控制系统软件设计

一、通信协议

在本书所描述的汽车智能钥匙系统中，车身基站与应答器钥匙之间的通信是通过射频技术实现的，它们需要通过低频射频信号及高频射频信号发送与接收相关的数据信息和控制命令，同时在车身基站与车辆控制中心之间的通信使用的是CAN接口协议，使得车身基站发送的相关车辆功能控制命令能够通过车辆控制中心实现。

1. 射频信号通信

在车身基站与应答器钥匙之间的射频信号通信采取的通信方式是半双工形式，采用的编码方式为脉宽调制编码方式，即我们经常所说的PWM编码方式。PWM编码方式通过对微处理器的数字输出进行模拟控制方式，从而对模拟电路进行相应控制，PWM编码方式控制流程清晰，控制过程灵活多变，动态响应积极，这些特点使得 PWM 编码方式在数据通信、测量测绘及功率控制与变化等多个领域得到了广泛应用。

本书所描述的汽车智能钥匙系统中所使用的 PWM 信号产生和调制是通过微处理器采用软件方式实现的，并不是单一通过硬件进行产生的，这样的优点在于系统能够有效直接对 PWM 信号进行调解和控制。在通常环境中，对 PWM 信号的码元周期 T_e 取值在 100 ~ 400μs 的范围内，本书所描述的汽车智能钥匙系统中采用的码元周期为 100μs，在码元周期 T_e 既定的情况下可以推导出通信过程的波特率为 $1/T_e$。在本书所描述的无线汽车智能钥匙系统中，定义的一位数据信息的编码方式如图 7-13 所示。

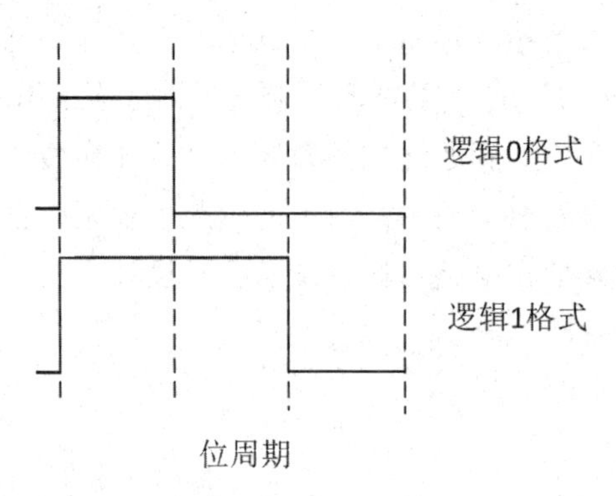

图 7-13　PWM 编码方式

在应答器钥匙接收低频射频信号之前，需要模拟前端唤醒微处理器进行工作，唤醒微处理器需要特定的脉冲序列，这样的设计就能够避免噪声或者其他无效的低频信号唤醒微处理器工作，这里就需要输出使能滤波器进行工作，其必需的输出使能序列由脉冲高电平时间和低电平持续时间组成，时间长短可以通过串口接口进行编程控制，输出使能滤波器时序如图 7-14 所示。

其中 T_{AGC} 为跟踪三个天线最强信号的稳定时间，T_{PAGC} 为 T_{AGC} 后的高电平时间，T_{OEH} 为最小输出使能滤波器高电平时间，T_{OEL} 为最小输出使能滤波器低电平时间。在输出使能后，发送的便是数据包字段。

在高频射频信号通信过程中，需要 23 个 T_e 周期引导，10 个 T_e 周期同步，然后发送 66 位的滚动数据，66 位滚动数据包括 32 位滚动码及 34 位的固定码，而固定码包括了 28 位的序列号，4 位功能码以及 2 位状态码。高频射频信号的数据格式如图 7-15 所示。

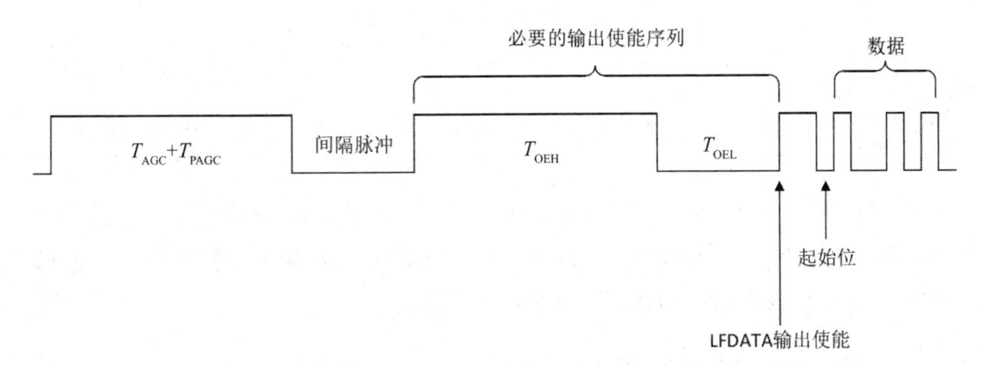

图 7-14　输出使能滤波器时序图

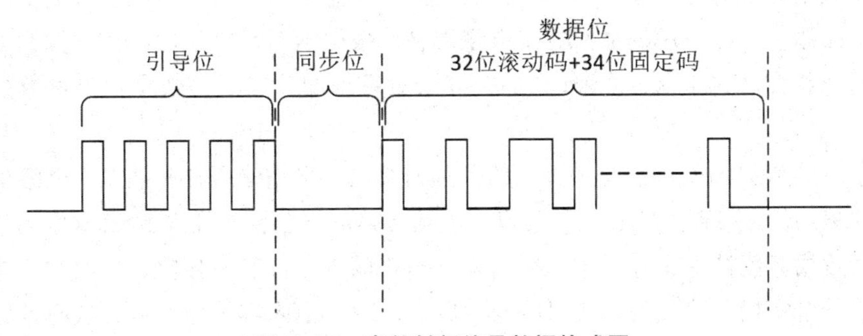

图 7-15　高频射频信号数据格式图

2. 车辆总线通信

在本书所描述的汽车智能钥匙系统中，车身基站需要将解码的功能信息发送给车辆控制中心以实现车身控制功能，这些车身控制功能包括车门锁开启及锁闭，后备厢锁开启及锁闭，车辆蜂鸣器响停等，车身基站与车辆控制中心之间的通信通过车身 CAN 总线实现。CAN 接口协议定义如下。

canSend（long Eid，unsignedsend Buffer[]，int num，boolwhichcan）；

CAN 发送子程序，Eid 为 CAN 帧 ID，为扩展帧，num 为发送数据长度，whichcan 表明采用动力 CAN 还是车身 CAN。

canRcv（long–Eid，unsignedrcvBuflfer[]，int–num，bool–whichcan）；

CAN 接收子程序，Eid 为 CAN 帧 ID，为扩展帧，num 为发送数据长度，whichcan 表明接收动力 CAN 还是车身 CAN 的数据。

CAN 报文 ID 包括了 29 位，相关位对应的含义见表 7–7。

表 7-7 CAN 报文 ID 位含义表

Bit	29 ~ 28	27 ~ 24	23 ~ 16	15 ~ 8	7 ~ 0
功能意义	发送端地址	帧优先级	OxAA	功能码	目的端地址码

其中目的端地址码可以从 0X00 到 0XFE，可以级联共 127 个地址，功能码共 8 位，其不仅满足了系统功能设计需要，还可以对相关功能码具体实现功能进行编程控制，也能够为以后的功能扩展提供编码空间。

二、Keeloq 滚码加密算法

在数据通信的过程中，为了保证通信数据信息安全，需要对通信数据信息进行加密操作。现在采用的加密方式有很多种，根据本书所描述的汽车智能钥匙系统的功能特点，采取 Keeloq 滚码加密算法对系统的射频通信数据信息进行加密操作。

Keeloq 滚码加密算法是一种非线性加密算法，采用滚码加密技术，能够保证通信的滚码信息每次都不相同，提高了通信传输的安全性。经过 Keeloq 滚码加密的通信数据只能被一个经过学习获得加密密钥的接收方有效接收，并对这些数据信息进行解密操作，通信方式是一对一的，即使通信内容被截获也无法有效完成通信数据信息破解。在车身基站及应答器钥匙端采用的 PIC 系列的微处理器均带有 Keelq 滚码加密模块，能够在较短时间内对数据信息进行加密解密操作，符合系统功能需要。

滚码加密主要包括密钥、同步码、序列号、功能码、特征码及溢出位，其中密钥部分主要包括序列号及生产厂商号，密钥保存在芯片的 EEPROM 中，密钥不可读操作同时也不会被发送，是整个加密系统的关键。同步码在每次通信过程中都会更新，再经过加密算法进行数据信息加密后，提高了通信过程的安全性，因此即使通信内容被截获也很难获取通信真实内容。序列号是车身基站与应答器钥匙之间通信的标识，每个应答器钥匙及车身基站都拥有唯一的系列号。功能码的主要作用是用来定义芯片的功能操作，在应答器钥匙端，功能码被用作定义按键输入的功能编码。特征码会在解码器中进行存储，在每次通信过程中都会经过加密，在解码器对特征码进行解密后会将存储的特征码与解密的特征码进行比对，判断加密、解密过程是否安全。解码器通过溢出位来扩展同步码，进而达到加长同步码循环周期的目的。

在应答器钥匙端如果有按键按下或者检测到有效低频输入后，应答器钥匙端会获取按键的信息，同时更新同步码内容，然后经过 Keeloq 加密算法加密发送相关的加密数据。如果还有新的按键输入其就会循环进行以上操作，如果没有按键输入就会停止以上过程。

其中 Keeloq 加密过程如图 7–16 所示。

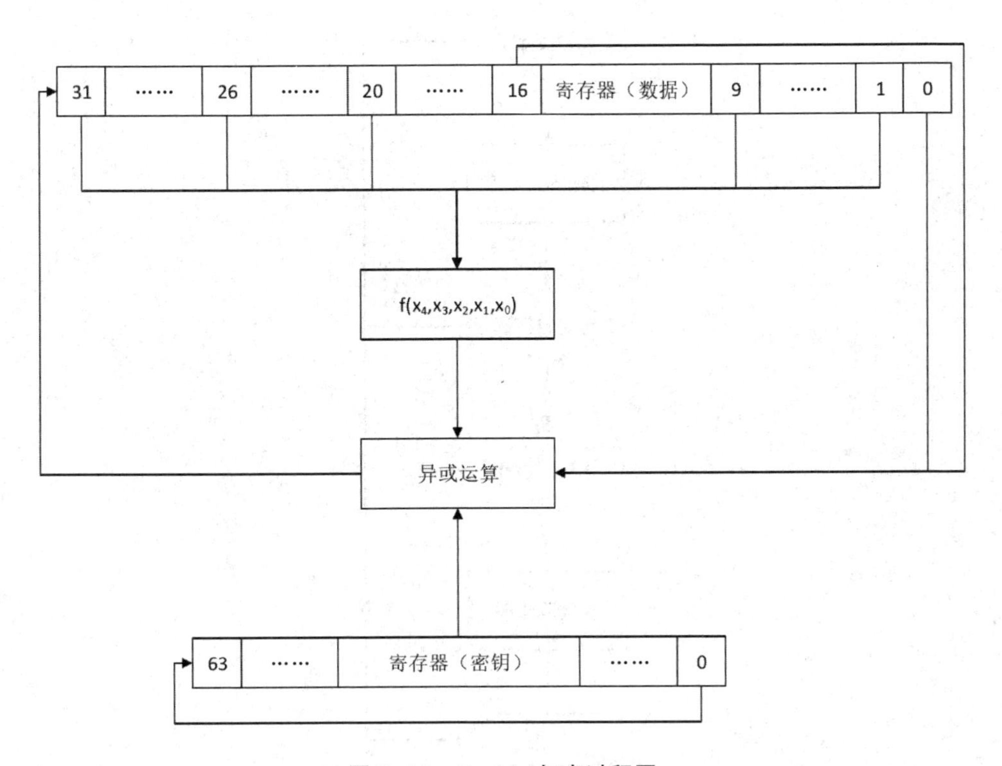

图 7–16　Keeloq 加密过程图

Keeloq 加密算法是将 32 位数据通过 64 位密钥进行加密，根据加密过程图我们可知，系统每次从存放数据的寄存器中间隔均匀地取出第 31、26、20、9、1 位，并通过非线性逻辑函数进行运算产生一位数据输出，然后系统将这位数据输出与第 16、0 位及存储密钥数据的第 0 位进行异或运算产生一位加密数据，这一位加密数据通过存储数据的寄存器的移位操作进行输入，同时对存储密钥的寄存器进行循环移位操作，以上描述的操作循环完成 528 次后系统就会产生加密所需要的 32 位加密数据信息。Keeloq 滚码解密流程如图 7–17 所示。

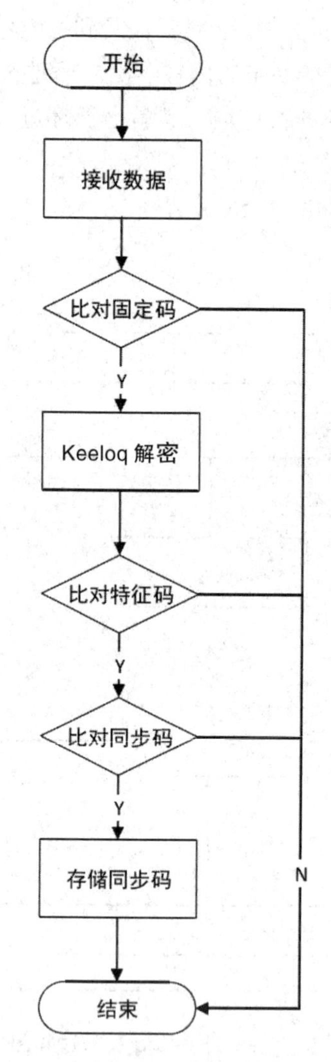

图 7-17　Keeloq 滚码解密流程图

在解密的过程中，系统首先需要将接收到的固定码部分与存储的固定码进行比较，查看是否一致，然后将密钥从 EEPROM 中取出进行滚动码解密，解密后的数据主要包括了同步码，功能码，特征码及溢出位，系统将特征码与解码器中存储的特征码进行比对，查看是否正确解密，同时还需要比对同步码是否连续满足系统加密要求，同步码如果在判断合理的范围内即认为有效，同时解码器会存储合法的同步码用于下一次的解密工作，而解密出的功能码会进行相应的功能控制操作。其中 Keeloq 解密过程如图 7-18 所示。

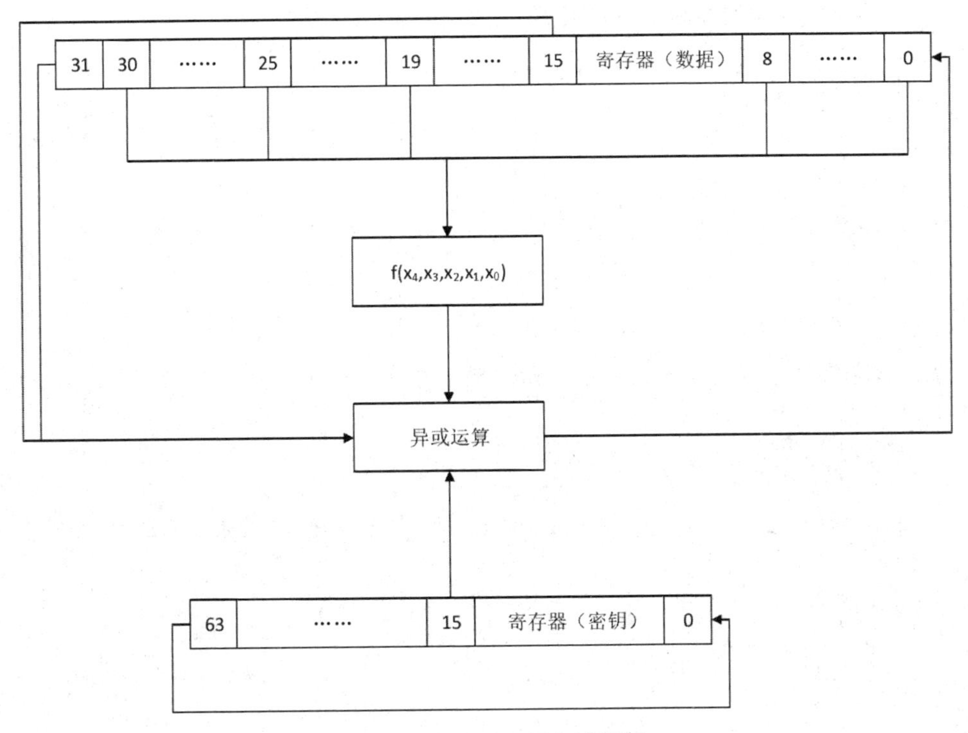

图 7-18　Keeloq 解密过程图

根据 Keeloq 解密过程图可知，Keeloq 解密算法与加密算法比较相似，主要区别在于运算的位数及移位操作的不同。系统首先会在存储数据寄存器中的第 30、25、19、8、0 位取出一位输出码，将这一位输出码与存储数据寄存器中的第 31、15 位以及存储密钥的寄存器中的第 15 位进行异或运算产生一位解密数据，然后存储数据的寄存器进行移位操作，将这一位解密数据存储到存储数据的寄存器的低位，并且存储密钥的寄存器进行循环移位操作，以上描述的操作循环完成 528 次后即可解密出 32 位的加密数据。

三、系统工作流程

本书所描述的汽车智能钥匙系统主要包括应答器钥匙端及车载基站两个部分，因此以下介绍主要从这两个部分进行。

1. 应答器钥匙端控制流程

应答器钥匙端的控制流程如图 7-19 所示。

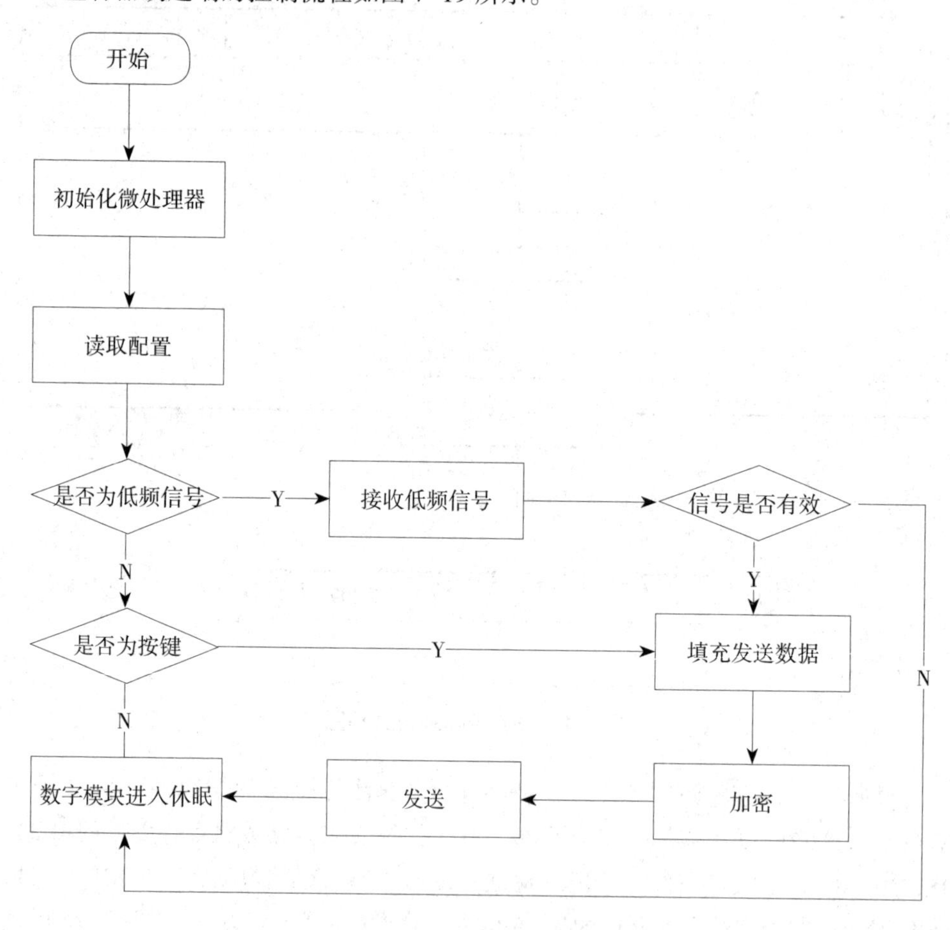

图 7-19　应答器钥匙端控制流程图

首先要对微处理器即 PIC16F639 进行初始化，这里就包括对三轴向模拟前端的配置寄存器进行初始化，在完成初始化工作后，系统会读取配置信息。应答器钥匙端根据低功耗的设计要求，在没有检测到低频信号和按键输入时，数字电路部分会处于休眠状态，在检测到低频信号后，系统会根据低频信号检测算法判断其是否为有效激励信息，如果为有效激励信息，微处理器就会填充相应的发送数据，主要包括功能码、特征码、同步码等，系统将发送的数据信息通过 Keeloq 滚码加密算法进行加密处理，然后通过高频射频发射功能模块进行信息发送；如果

没有检测到低频信号，检测到按键输入，则系统填充相应的发送数据，进行加密后通过高频射频发射功能模块将数据信息发出。在按键检测中，需要对按键进行消抖处理，一般正常的按键操作，按键按下都会持续 300ms 以上，因此对持续时间大于 300ms 的按键输入系统判断为有效按键输入。在完成数据信息的有效发送后，数字电路模块会再次进入休眠工作模式，以达到低功耗的功能设计要求。

在应答器钥匙端的控制流程中，信号检测是十分关键的一部分功能。在信号检测过程中，系统首先需要通过微处理器编程三轴向模拟前端的配置寄存器，三轴向模拟前端会检测输入信号，在检测到输入信号后，其会对 AGC 有效状态位置 1，AGC 能够跟踪载波信号电压，检测到三个天线中输入信号最强的一个，AGC 稳定同时需要一段 AGC 稳定时间。将输入通道即三个输入电线的接收状态位置 1，检测输入信号的消失时间是否大于 16ms，如果输入信号时间小于 16ms，系统就重新进行信号检测判断；若输入信号时间大于 16ms 则系统检测唤醒滤波器能否被使能，在能够使能的情况下判断输入信号能否满足唤醒滤波器要求，若达到唤醒要求则通过 PIC16F639 处理器的 LFDATA 引脚输出唤醒微处理器，如果输入的信号不正确，则按照流程设计进行后续的处理过程。系统唤醒未处理器后进行数据信息判断，在数据信息正确的情况下进行后续高频射频信号连接处理。三轴向模拟前端配置寄存器的内容见表 7–8 ~ 表 7–15。

表 7–8　三轴向模拟前端配置寄存器 0

地址	Bit8	Bit7	Bit6	Bit5	Bit4	Bit3	Bit2	Bit1	Bit0
0000	OEH		01	5L	ALRTIND	LCZEN	LCYEN	LCXEN	ROPAR

Bit8 和 Bit7 为 OEH<1 : 0>，输出使能滤波器高电平时间（TOEH）位，置为 10 时表示时间为 2ms。Bit6 ~ 5 为 OEL<1 : 0>，输出使能滤波器低电平时间（TOEL）位，置为 00 时表示时间为 1ms。Bit4 为 ALRTIND，ALERT 位。Bit3 为 LCZEN，LCZ 使能位，置为 0 时表示使能。Bit1 为 LCZEN，LCX 使能位，置为 0 时表示使能。Bit0 为 ROPAR，寄存器校验位——置 1/ 清零。因此，9 位寄存器为奇校验——置 1 的位数为奇数。

表 7-9　三轴向模拟前端配置寄存器 1

地址	Bit8	Bit7	Bit6	Bit5	Bit4	Bit3	Bit2	Bit1	Bit0
0001	DATOUT		通道 X 调节电容						R1PAR

Bit8 和 Bit7 为 DATOUT<1 ： 0>，LFDATA 输出类型位，置为 00，表示解调输出，Bit6 至 Bit1 为 LCXTUN<5 ： 0>，LCX 调节电容位，默认值为 000000，即 +0pF。Bit0 为 R1PAR，寄存器校验位——置 1/ 清零。因此，9 位寄存器为奇校验——置 1 的位数为奇数。

表 7-10　三轴向模拟前端配置寄存器 2

地址	Bit8	Bit7	Bit6	Bit5	Bit4	BU3	Bit2	Bit1	Bit0
0010	RSSIFET CLKDIV		通道 Y 调节电容						R2PAR

Bit8 为 RSSIFET，仅在 RSS1 模式下可以被用户控制时，LFDATA 引脚上下拉为 MOSFET 位。Bit7 为 CLKDIV，载波时钟除以位，置为 0，表示载波时钟 /I，Bit6 至 Bit1 为 LCYTUN<5 ： 0>，LCY 调节电容位，默认值为 000000，即 +0pF。Bit0 为 R2PAR，寄存器校验位——置 1/ 清零。因此，9 位寄存器为奇校验——置 1 的位数为奇数。

表 7-11　三轴向模拟前端配置寄存器 3

地址	Bit8	Bit7	Bit6	Bit5	Bit4	Bit3	Bit2	Bit1	Bit0
0011	未使用		通道 Z 调节电容						R3PAR

Bit8 和 Bit7 未使用，读为 0。Bit6 至 Bit1 为 LCYTUN<5 ： 0>，LCZ 调节电容位，默认值为 000000，即 +0 pF。Bit0 为 R3PAR，寄存器校验位——置 1/ 清零。因此，9 位寄存器为奇校验——置 1 的位数为奇数。

表 7-12　三轴向模拟前端配置寄存器 4

地址	Bit8	Bit7	Bit6	Bit5	Bit4	Bit3	Bit2	Bit1	Bit0
0100	通道 X 灵敏度控制				通道 Y 灵敏度控制				R4PAR

Bit8 至 Bit5 为 LCYTUN<3 ： 0>（1），典型的 LCX 灵敏度衰减位，默认值为 0000，即 -0 dB。Bit4 至 Bitl 为 LCYSEN<3 ： 0>（1），典型的 LCY 灵敏度衰减位，默认值为 0000，即 -0dB。Bit0 为 R4PAR，寄存器校验位——置 1/ 清零。因此，9 位寄存器为奇校验——置 1 的位数为奇数。

表 7-13　三轴向模拟前端配置寄存器 5

地址	Bit8	Bit7	Bit6	Bit5	Bit4	Bit3	Bit2	Bit1	Bit0
0101	AUTOCHSEL AGCSIG MODMIN MODMIN				通道 Z 灵敏度控制				R5PAR

Bit8 为 AUTOCHSEL，自动通道选择位。Bit7 为 AGCSIC，解调器输出使能位，在 AGC 回路处于活动状态之后。Bit6 ~ 5 为 MODM1N<1 ： 0>，最小调制深度位。Bit4 至 Bit1 为 LCZSEN<3 ： 0>（1）。LCZ 灵敏度衰减位，默认值为 0000，即 -0dB。Bit0 为 R5PAR，寄存器校验位——置 1/ 清零。因此，9 位寄存器为奇校验——置 1 的位数为奇数。

表 7-14　三轴向模拟前端列校验寄存器 6

地址	Bit8	Bit7	Bit6	Bit5	Bit4	Bit3	Bit2	Bit1	Bit0
0110	COLPAR7	COLPAR6	COLPAR5	COLPAR4	COLPAR3	COLPAR2	COLPAR1	COLPAR0	R6PAR

Bit8 为 COLPAR7，置 1/ 清零，以使第 8 个校验位 + 配置寄存器行校验位之和为奇数个置 1 的位。Bit7 为 COLPAR6，置 1/ 清零，以使第 7 个校验位 + 配置寄存器 0 ~ 5 中第 7 位之和为奇数个置 1 的位。Bit6 为 C0LPAR5，置 1/ 清零，以使第 6 个校验位 + 配置寄存器 0 ~ 5 中第 6 位之和为奇数个置 1 的位。Bit5 为 COLPAR4，

置 1/ 清零，以使第 5 个校验位 + 配置寄存器 0 到 5 中第 5 位之和为奇数个置 1 的位。Bit4 为 COLPAR3，置 1/ 清零，以使第 4 个校验位 + 配置寄存器 0 ~ 5 中第 4 位之和为奇数个置 1 的位。Bit3 为 COLPAR2，置 1/ 清零，以使第 3 个校验位 + 配置寄存器 0 到 5 中第 3 位之和为奇数个置 1 的位。Bit2 为 COLPAR1，置 1/ 清零，以使第 2 个校验位 + 配置寄存器 0 ~ 5 中第 2 位之和为奇数个置 1 的位。Bit1 为 COLPARO，置 1/ 清零，以使第 1 个校验位 + 配置寄存器 0 ~ 5 中第 1 位之和为奇数个置 1 的位。Bit0 为 R6PAR，寄存器校验位——置 1/ 清零。因此，9 位寄存器为奇校验——置 1 的位数为奇数。

表 7–15　三轴向模拟前端 AFE 状态寄存器 7

地址	Bit8	Bit7	Bit6	Bit5	Bit4	Bit3	Bit2	Bit1	Bit0
0111	CHZACT	CHYACT	CHXACT	AGCSICT	WAKEX	WAKEY	WAICEX	ALARM	PEI

Bit8 为 CHZACT，通道 Z 激活。Bit7 为 CHYACT，通道 Y 激活。Bit6 为 CHXACT，通道 X 激活。Bit5 为 AGCSICT，AGC 激活状态位。Bit4 为 WAKEX，唤醒通道 7 指示器状态位，Bit3 为 WAKEY，唤醒通道 Y 指示器状态位。Bit2 为 WAICEX，唤醒通道 X 指示器状态位。Bit1 为 ALARM，表明是否发生报警定时器超时。Bit0 为 PEI，寄存器校验位——置 1/ 清零。因此,9 位寄存器为奇校验——置 1 的位数为奇数。

2. 车身基站控制流程

车身基站在工作过程中，首先要对微处理器进行初始化操作，在接收到有效高频射频信号后，系统先判断数据是否完整，在数据信息完整的状态下判断序列号是否正确，再对加密的数据信息按照 Keeloq 滚码加密技术进行解密操作，解密后的数据需要判断特征码及同步码是否正确，在接收到的数据信息完全正确的情况下系统将接收到的功能码按照车身控制的 CAN 协议消息标准进行发送。如果系统判断数据接收不完整或者相应数据信息不正确，则系统判断接收信号是否超时，如果接收信号超时则返回重新接收高频射频信号。

3. 主要功能数据流

系统完整功能实现是通过各子系统间实时动态交互而形成的。每个具体功能都可能涉及多个子系统的多个模块。每个具体功能实现都会有数据在不同子系统和模块间传输。在多个子系统和模块间传输时，数据会从一种形式经加工处理后转化成另一种形式，以此实现系统内数据流通，进而完成系统各个功能。本书所描述的汽车智能钥匙系统主要包括无钥匙进入功能、遥控钥匙控制功能及一键启动功能，其中无钥匙进入功能实施需要低频发射器子系统，应答器钥匙子系统及接收解码器子系统之间进行配合实现，各部分分别执行相应数据，完成设计操作过程。无钥匙进入功能整体数据流如图 7-20 所示。

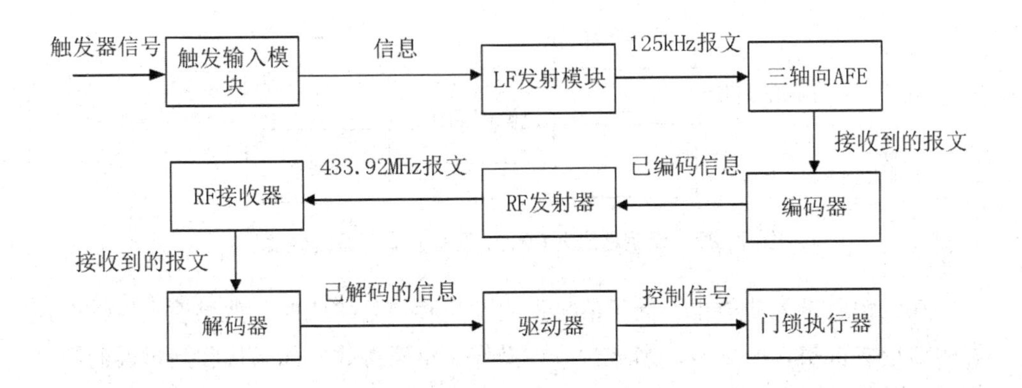

图 7-20　无钥匙进入功能数据流图

其中低频发射器子系统实施的数据流如图 7-21 所示。

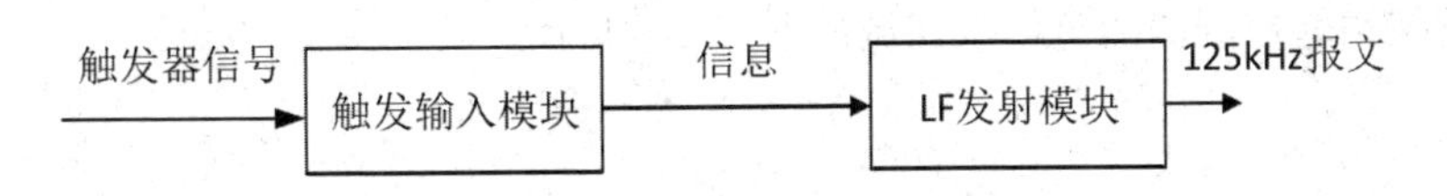

图 7-21　无钥匙进入功能低频发射器子系统数据流

应答器钥匙子系统数据流如图 7-22 所示。

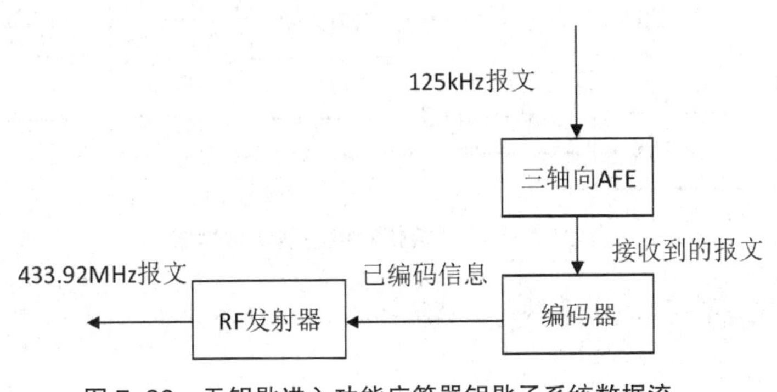

图 7-22　无钥匙进入功能应答器钥匙子系统数据流

接收解码器子系统数据流如图 7-23 所示。

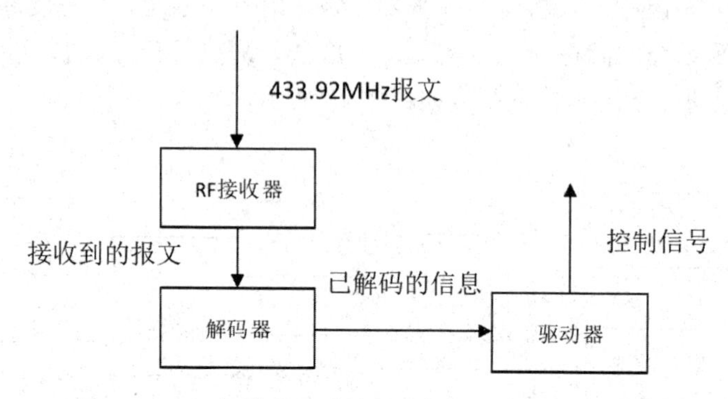

图 7-23　无钥匙进入功能接收解码器子系统数据流

在无钥匙进入功能中，低频信号接收及高频信号接收时，如果遇到不符合规定的通信协议格式的信号，则进行丢弃操作，重新接收，如果接收到错误的数据信息，同样进行丢弃操作。

遥控钥匙控制功能需要应答器钥匙子系统与接收解码器子系统配合完成，通过每个部分完成各自数据处理工作，两部分之间通过高频射频信号进行通信，将有效数据信息按照通信协议格式进行传送。

遥控钥匙控制功能整体数据流如图 7-24 所示。

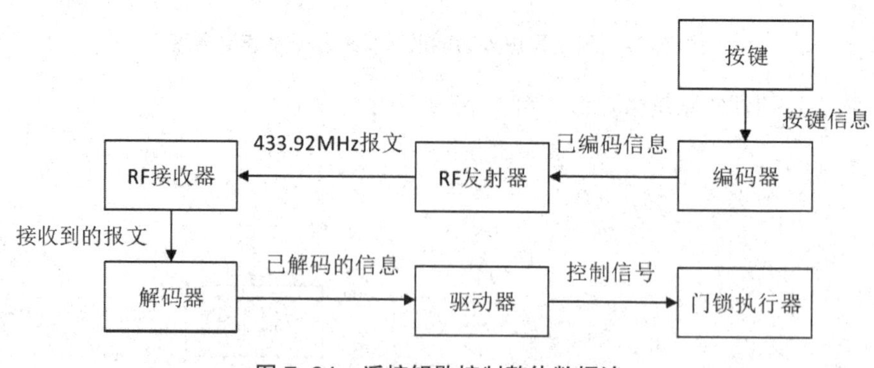

图 7-24　遥控钥匙控制整体数据流

其中应答器钥匙子系统执行数据流如图 7-25 所示。

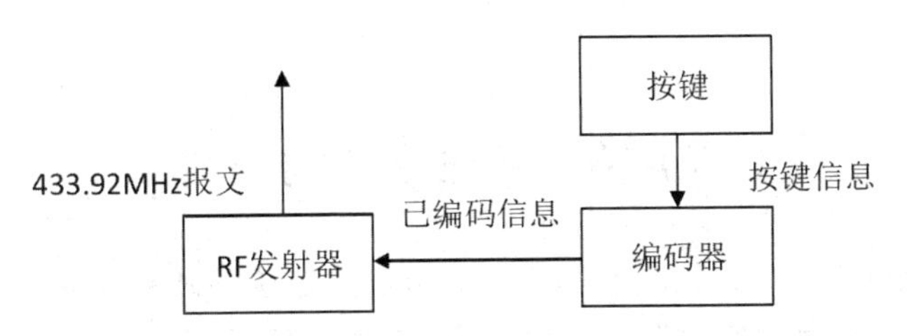

图 7-25 遥控钥匙控制功能应答器钥匙子系统数据流

接收解码器子系统数据流如图 7-26 所示。

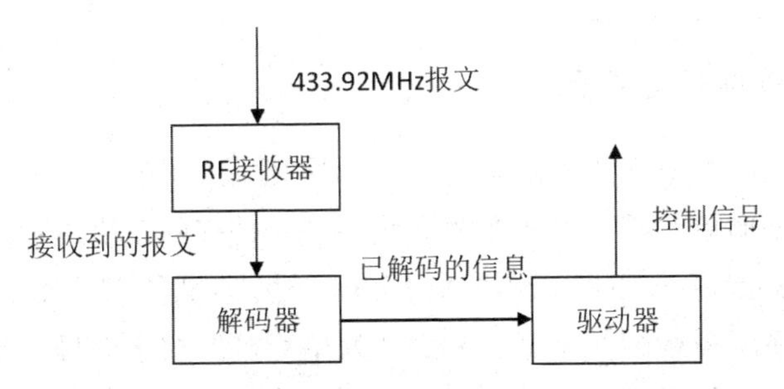

图 7-26 遥控钥匙控制功能接收解码器子系统数据流

在遥控钥匙控制功能中，如果接收到不符合通信协议格式的信号及错误的数据信息，系统都会对数据信息进行抛弃，重新接收。

一键启动功能是在低频发射器子系统、应答器钥匙子系统及接收解码器子系统共同工作下完成的，通过低频射频信号与高频射频信号进行通信数据信息传输，在各自的工作部分中完成数据信息处理和加工操作，以达到功能实现的设计需要。

一键启动功能的整体数据流如图 7-27 所示。

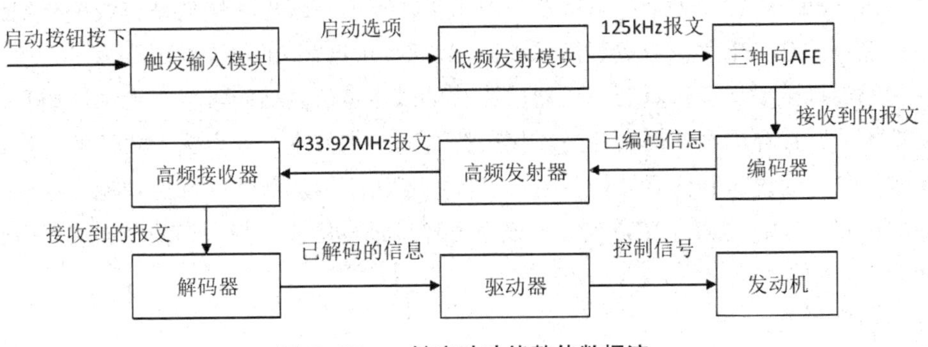

图 7-27 一键启动功能整体数据流

第五节　系统实测与分析

在系统调试工作中，设计人员需要充分利用系统的开发环境，并且由于是嵌入式系统开发，在调试过程中还需要使用专业的编程器 / 调试器。调试过程中设计人员要对系统的功能可靠性和系统主要性能进行测试，保证系统功能完善和性能稳定。这些工作是系统调试的主要内容，本节将详细介绍这些系统调试工作阶段的内容。

一、系统软件开发环境

本书所描述的汽车智能钥匙系统各个功能模块采用的微处理器均为微芯公司推出的 PIC 系列的单片机，因此在相应软件开发过程中，使用了微芯公司推出的 MPLABXIDE 集成开发环境。MPLABXIDE 开发环境能够在 Linux 操作系统及 Windows 操作系统中运行，能够对 PIC 系列单片机的数字信号进行控制操作，集成了嵌入式单片机的程序设计，功能源代码开发功能。MPLABXIDE 集成开发环境支持多种编译环境，能够实现 C 语言代码和汇编语言代码同时编译工作，提供头文件及模板功能，极大优化了嵌入式系统开发流程，简洁友好的开发界面也提高了代码开发效率，并且其提供了多种代码调试方法，有利于嵌入式系统代码调试工作进行。

本书所描述的汽车智能钥匙系统在软件开发过程中使用的编程器 / 调试器为 PIC KIT3。PIC KIT3 编程器 / 调试器也是微芯公司推出的一款在 Windows 操作系统下，采用 MPLABXIDE 集成开发环境的低成本在线调试器系统，支持硬件及软件开发。PIC KIT3 编程器 / 调试器一般用于在线串行编程和增强型在线串行编程串行接口的 PIC 单片机与数字信号控制器，PIC KIT3 编程器 / 调试器为了方便器件代码的调试设计有仿真功能，器件调试可以通过仿真功能进行，无须使用具体器件操作，这样的设计极大提高了代码调试的工作效率，也为嵌入式开发工作提供了方便，通过这种仿真操作，用户可以交互访问给定器件的可用功能，这些功能的设置可以通过 MPLABXIDE 集成开发环境进行修改。其中编程器连接器引脚如图 7–28 所示。

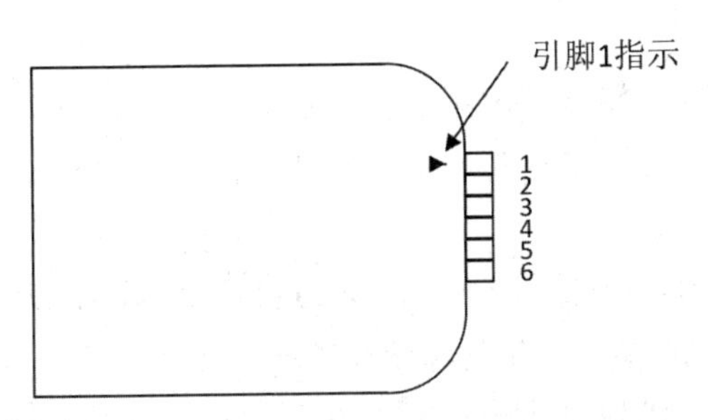

图 7-28　PIC KIT3 编程器 / 调试器连接器引脚图

引脚说明见表 7-16。

表 7-16　PIC KIT3 编程器 / 调试器引脚功能说明

引脚编号	引脚名称	引脚功能
1	$\overline{MCLR}$ /V_{pp}	电源
2	V_{dd}_TGT	目标板电源
3	GND	接地
4	PGD/ICSPDAT	标准通信数据
5	PGC/ICSPCLK	标准通信时钟
6	LVP	低电压编程

在 PIC KIT3 编程器 / 调试器上可以看到三个 LED 灯，这是状态 LED 灯，状态 LED 灯表示了 PIC KIT3 编程器 / 调试器的工作状态，其中绿色 LED 灯表示电源状态，绿色 LED 灯亮起表示 PIC KIT3 编程器 / 调试器已通过 USB 端口上电。蓝色 LED 灯表示活动状态，蓝色 LED 灯亮起表示 PIC KIT3 编程器 / 调试器已连接到 PC 端 USB 端口，并且通信链路正在活动。剩余一个 LED 灯包括两种状态：第一种是闪烁黄色灯光，表示 PIC KIT3 编程器 / 调试器正在处理某个功能，比如在烧录程序的过程中，黄色 LED 灯便处于闪烁状态；第二种是红色灯光，表示 PIC KIT3 编程器 / 调试器遇到了错误。

二、各功能单元

本书所描述的汽车智能钥匙系统在实现的过程中，主要包括应答器钥匙端实现及车身基站实现，其中车身基站中包括低频信号发射功能单元及高频信号接收解码功能单元。

低频信号发射器尺寸大小为 80mm × 50mm × 2.8mm，为方形绿色板，通过焊接固定，尺寸及形状均满足系统硬件设计要求。

高频信号接收解码器尺寸大小为 72mm × 51mm × 2.8mm，为方形绿色板，通过焊接固定，尺寸及形状均满足系统硬件设计要求。

应答器钥匙尺寸大小为 80mm × 50mm × 2.8mm，为方形绿色板，通过焊接固定，尺寸及形状均满足系统硬件设计要求。

三、系统测试

1. 系统功能测试

系统测试主要针对系统的各个功能单元实现情况进行，本书所描述的汽车智能钥匙系统主要针对无钥匙进入功能、一键启动功能及按键控制功能进行系统功能测试，其中无钥匙进入功能及一键启动功能无须人为按键即可实现。

无钥匙进入功能的工作过程是将车身控制系统模块通过低频发射器功能单元持续发送经过编码的 125kHz 的射频信号，该射频信号会在一定的距离内被接收和识别，在应答器钥匙可以接收到低频射频信号的距离情况下，车身控制系统会进行识别操作，在完成识别操作后，应答器钥匙端会发送一条经过编码的 433.92MHz 高频射频信号，车身控制单元中的接收解码器单元会接收到相应高频报文信息并进行解码操作，如果被识别，系统将进行相应的功能操作。无钥匙进入功能利用射频信号进行通信，在车钥匙距离车身 1 ~ 2m 的距离内就会接收到车身发送的低频信号，车钥匙接收到解锁低频信号时应答器车钥匙上的绿色 LED 灯就会闪烁，车锁会实现解锁功能。由于车身包括左前、右前、左后、右后四个车门，因此无钥匙进入功能测试主要针对四个方向进行，测试结果见表 7–17。

表 7-17　无钥匙进入功能测试结果

测试位置	测试次数	测试距离（m）	功能正常次数	功能测试正确率
左前	100	0.5	100	100%
		1	100	100%
		1.5	83	83%
		2	20	20%
右前	100	0.5	100	100%
		1	100	100%
		1.5	86	86%
		2	17	17%
左后	100	0.5	100	100%
		1	100	100%
		1.5	84	84%
		2	22	22%
右后	100	0.5	100	100%
		1	100	100%
		1.5	81	81%
		2	19	19%

根据以上的测试结果显示，无钥匙进入功能采用低频通信的最佳距离在 0.5 ~ 1m，在合理的距离内功能测试正确率为 100%，随着距离增加，功能测试正确率很明显降低，在 2m 的距离已经无法满足功能设计需要。同时，测试位置对测试结果的影响较小，因此满足了车辆的设计要求。

一键启动功能是在无钥匙进入功能的基础上进行的功能升级，即车主不需要使用钥匙进行机械操作就能够完成车辆启动。当车身中一键启动按钮被执行后，

续 表

车身控制单元会通过低频发送器发射一条经过编码的125kHz的射频信号，车主携带的应答器钥匙端在接收到该射频信号后，对编码的信息进行验证，完成验证操作后，应答器钥匙端会发送一条经过编码的433.92MHz的高频射频信号，车身控制模块的高频信号接收解码器会对该射频信号进行接收和解码操作，车身控制单元将通过车身CAN总线给中央控制子系统发送启动发动机信息，中央控制子系统通过动力CAN总线启动发动机，如果车钥匙接收到的是一键启动低频信号时应答器车钥匙上的红色LED灯会闪烁。在对一键启动功能进行测试过程中，通过硬件中的按键输入模拟汽车一键启动按钮，一键启动功能测试结果见表7-18。

表7-18　一键启动功能测试结果

测试位置（m）	测试次数	功能正常次数	功能测试正确率
＜0.5	100	100	100%
0.5～1	100	8	8%
1～1.5	100	7	7%
1.5～2	100	3	3%

根据以上的测试结果显示，一键启动功能对车钥匙的测试位置要求更为严格，只能在较短的距离内实现功能，随着测试位置距离的增加，功能正确率降低十分明显。这样的测试结果符合一键启动功能的设计要求，为了保证车辆安全，一键启动的功能设计要求车钥匙在短距离内才可以实现功能。

按键控制功能是当车主按下应答器钥匙上的某个按键时，其将发射一条433.92MHz的高频加密编码报文。汽车中有一个标准的接收解码器对该数据包进行解码，如果被识别，系统将进行相应操作。应答器钥匙共包括5个按键，分别对应车门解锁功能、车门上锁功能、后备厢解锁功能、寻车功能及车窗关闭功能，按键按下后应答器钥匙会亮起红色LED灯，当按键结束后红色LED灯会熄灭。按键控制功能测试结果见表7-19。

表 7-19　按键控制功能测试结果

测试按键	测试距离（cm）	测试次数	功能正常次数	功能测试正确率
按键 1	1 ~ 2	100	100	100%
	2 ~ 3	100	100	100%
	3 ~ 5	100	91	91%
	≥ 5	100	89	89%
按键 2	1 ~ 2	100	100	100%
	2 ~ 3	100	100	100%
	3 ~ 5	100	92	92%
	≥ 5	100	88	88%
按键 3	1 ~ 2	100	100	100%
	2 ~ 3	100	100	100%
	3 ~ 5	100	90	90%
	≥ 5	100	91	91%
按键 4	1 ~ 2	100	100	100%
	2 ~ 3	100	100	100%
按键 4	3 ~ 5	100	93	93%
	≥ 5	100	92	92%
按键 5	1 ~ 2	100	100	100%
	2 ~ 3	100	100	100%
	3 ~ 5	100	90	90%
	≥ 5	100	90	90%

根据以上的测试结果显示，按键控制功能主要通过高频射频信号通信进行实现，由于高频射频信号的通信距离更远，因此在测试距离上也有所增加。高频射频信号在通信距离增加上没有造成明显的功能正确实现差异，功能正确测试率较为稳定，满足了按键控制功能设计需要。

2. 通信距离测试

本次研究中所设计的智能车钥匙，在使用中车钥匙的进入识别系统与远程控制系统需要实验支持，在实验中主要以距离为变量进行测试，在测试中需要对恰当的通信距离进行验证，这个距离可以保证人与车辆的正常通信，并且信号不受到干扰，从而使得车辆的各个功能系统能够稳步进行。当距离太远时，通信系统功能无法得到保证，并且信号传输和接收可能受到干扰和限制；当距离太近时，遥控功能无法进行。无钥匙进入系统通信主要采用低频无线信号，设计人员研究发现其最大距离在 0.5~1m，在测试中，需要采用不同的距离进行多次测试。在经过足够多次数测试之后，验证了系统的指标符合设计要求，符合市场要求。

3. 系统功耗测试

在系统的能耗中，电路的诸多原件是主要的能耗部位，这也决定了能耗量和该部件的使用次数和寿命参数，为了适应市场需求，本研究对系统整体的能耗量进行了测试。其中应答和车身控制两个模块的能量来源和电压转换不同，而车身模块来自车辆自身，不许单独测试，因为车身基站的电路功耗相对于车辆蓄电池来说还是比较小的。应答器车钥匙电路是通过纽扣锂电池实现电源供给的，由于纽扣锂电池一般工作电压为 3V 左右，设计人员需要对应答器钥匙功耗进行测算。应答器钥匙电路主要包括三轴向模拟前端、高频信号发射器及微处理器 PIC16F639，根据硬件设计及软件设计，应答器钥匙包括休眠工作模式和正常工作模式，在数字电路未被模拟前端激励的情况下，应答器钥匙工作在休眠模式。在对应答器钥匙各个电路器件进行工作电流测试过程中，测试环境温度为 10℃ ~ 25℃，各个电路器件的工作电流测试见表 7–20。

表 7–20　应答器钥匙各器件工作电流测量表

器件名称	工作模式	工作电流
三轴向模拟前端	正常模式	11μA
	休眠模式	3μA

续　表

器件名称	工作模式	工作电流
高频发射器	正常模式	5mA
	休眠模式	4μA
微处理器 PIC16F639	正常模式	0.3mA
	休眠模式	3nA

在进行功耗计算过程中，设一般每天车辆解锁操作次数为 20 次左右，三轴向模拟前端每次解锁操作工作时间为 50ms 左右，高频发射器每次解锁操作工作时间为 150ms 左右，微处理器 PIC16F639 每次解锁工作时间为 200ms 左右，由此可以计算出一次解锁操作的功耗为 1.83×10^{-4}mA 左右，每天应答器钥匙在休眠工作模式的功耗为 0.168mA，则每天应答器钥匙的工作功耗为 $1.83 \times 10^{-4} \times 20+0.168=0.17166$mA。一般纽扣锂电池标准容量为 210mA，则经过计算应答器钥匙端的理论工作周期为 3.35 年，满足系统设计要求。

参考文献

[1] 汪培庄 . 模糊集合论及其应用 [M]. 上海：上海科学技术出版社，1983.

[2] 王学慧，田成方 . 微机模糊控制理论及其应用 [M]. 北京：电子工业出版社，1987.

[3] 李士勇，夏承光 . 模糊控制和智能控制理论与应用 [M]. 哈尔滨：哈尔滨工业大学出版社，1990.

[4] 杨荫彪，穆云书 . 特种半导体器件及其应用 [M]. 北京：电子工业出版社，1991.

[5] 李华 . MCS-51 系列单片机实用接口技术 [M]. 北京：北京航空航天大学出版社，1993.

[6] 孙星朗 . 单片机原理及其在家电中的应用 [M]. 北京：海洋出版社，1993.

[7] 涂时亮，张友德 . 单片微机控制技术 [M]. 上海：复旦大学出版社，1994.

[8] 胡汉才 . 单片机原理及其接口技术 [M]. 北京：清华大学出版社，1996.

[9] 胡汉才 . 单片机原理及系统设计 [M]. 北京：清华大学出版社，2002.

[10] 李建忠 . 单片机原理及应用 [M]. 西安：西安电子科技大学出版社，2002.

[11] 余永权 .ATMEL89 系列单片机应用技术 [M]. 北京：北京航空航天大学出版社，2002.

[12] 朱定华，戴汝平 . 单片微机原理与应用 [M]. 北京：清华大学出版社，2003.

[13] 马忠梅，籍顺心，张凯，等 . 单片机的 C 语言应用程序设计 [M]. 3 版 . 北京：北京航空航天大学出版社，2003.

[14] 张培仁 . 基于 C 语言编程 MCS-51 单片机原理与应用 [M]. 北京：清华大学出版社，2003.

[15] 胡伟，季晓衡 . 单片机 C 程序设计及应用实例 [M]. 北京：人民邮电出版社，2003.

[16] 薛钧义，武自芳 . 微机控制系统及其应用 [M]. 西安：西安交通大学出版社，2003.

[17] 王用伦 . 微机控制技术 [M]. 重庆：重庆大学出版社，2004.

[18] 肖金球 . 单片机原理与接口技术 [M]. 北京：清华大学出版社，2004.

[19] 蔡美琴，张为民，何金儿，等 . MCS–51 系列单片机系统及其应用 [M]. 2 版 . 北京：高等教育出版社，2004.

[20] 潘新民，王燕芳 . 微型计算机控制技术 [M]. 2 版 . 北京：电子工业出版社，2011.

[21] 胡乾斌，李光斌，李玲，等 . 单片微型计算机原理与应用 [M]. 武汉：华中科技大学出版社，2006.

[22] 戴胜华，蒋大明，杨世武，等 . 单片机原理与应用 [M]. 北京：清华大学出版社，2005.

[23] 求是科技 .8051 系列单片机 C 程序设计完全手册 [M]. 北京：人民邮电出版社，2006.

[24] 林志琦 . 单片机原理接口及应用（C 语言版）[M]. 北京：中国水利水电出版社，2007.

[25] 武自芳，虞鹤松，王秋才 . 微机控制系统及其应用 [M].4 版 . 北京：电子工业出版社，2007.

[26] 唐颖 . 单片机原理与应用及 C51 程序设计 [M]. 北京：北京大学出版社，2008.

[27] 王新颖 . 单片机原理及应用 [M]. 北京：北京大学出版社，2008.

[28] 李朝青 . 单片机原理及串行外设接口技术 [M]. 北京：北京航空航天大学出版社，2008.

[29] 戴佳，戴卫恒，刘博文 . 51 单片机 C 语言应用程序设计实例精讲 [M]. 2 版 . 北京：电子工业出版社，2008.

[30] 李宝绶，刘志俊 . 用模糊集合理论设计一类控制器 [J]. 自动化学报，1980（01）.

[31] 郭嗣琮，陈世权 . 一种具有自学习的模糊推理模型 [J]. 阜新矿业学院学报（自然科学版），1993（03）.